# 天台宗佛教建筑研究

谢鸿权　著

中国建筑工业出版社

图书在版编目（CIP）数据

天台宗佛教建筑研究／谢鸿权著．—北京：中国建筑工业出版社，2017.12

ISBN 978-7-112-21511-9

Ⅰ.①天… Ⅱ.①谢… Ⅲ.①天台宗－宗教建筑－建筑史－研究－中国 Ⅳ.①TU-098.3

中国版本图书馆CIP数据核字（2017）第274728号

这是一部研究传统文化与佛寺空间关联性的学术著作，立足于历史脉络的梳理、对现存佛教建筑的考察与分析、对相关文献的研读以及对过往研究的比较借鉴，展现了中国天台宗佛寺从建造初期强调空间形态，到晚期强化内涵转变的历史长卷，一定程度上补充了中国古代建筑史过往的空缺与薄弱。

本书适于建筑理论、建筑设计以及文物保护、宗教学、文博、艺术史等相关专业领域人士，以及高等院校建筑学、历史、艺术等相关专业学生和研究生参考阅读。

责任编辑：唐　旭　吴　绫　杨　晓
责任校对：王宇枢

天台宗佛教建筑研究
谢鸿权　著
*
中国建筑工业出版社出版、发行（北京海淀三里河路9号）
各地新华书店、建筑书店经销
北京锋尚制版有限公司制版
北京市密东印刷有限公司印刷
*
开本：850×1168毫米　1/32　印张：6⅛　字数：181千字
2018年2月第一版　2018年2月第一次印刷
定价：35.00元
ISBN 978－7－112－21511－9
（31164）

# 自序

能有机缘研究天台宗佛教建筑，实在可以算是个人学术上的一次幸运！

记得2009年从韩国汉阳大学回国，开始整理材料，着手撰写毕业论文，其间，张老师领衔承接了宁波保国寺大殿的精细测绘工作，看着参与此项工作的同门们，往返南京、宁波两地，热烈整理和讨论着工作计划和阶段成果，虽论文压身，仍不禁心向往之！略有了解宁波保国寺大殿于宋元江南建筑的地位者，想必能体会我不合时宜的心有旁骛。于是在论文框架成型之际，赶紧和导师申请，随队参加了一次难忘的保国寺测绘，事后回想，这次测绘就是天台宗佛教建筑与我结缘的丝线一缕。

这次测绘之前，是我第三次到保国寺，前两次是走马观花、感受氛围，对这座伟大古代杰作的深入学习和探索完全不够。经过十几天精细测绘，有机会在张老师现场指导、答疑下，从柱础、瓜楞柱、柱头阑额、大栌斗承托柱头铺作，一直到檐口，从下而上，贴近观察了形态、用材、构造节点处理、榫卯、营造痕迹，等等，甚至现学现用了张老师当时关注的木材纹理分析线索，收获可想而知。而那三座名扬天下的前檐藻井，除了仰望它们，感受空间覆盖效果，我们还进入藻井上面的暗层中，去推敲藻井营造的措意匠心。我们仔细辨别着构件的新旧，在暗层中来回翻爬于构件之上，寻找传说中的元丰纪年墨书。我们热烈讨论着每一处发现和疑问，如侦探一样去推测合理的解释，每天基本都要掌灯工作到夜晚，直到被晚班工友催促下工。然后，大殿内亮堂的工作大灯熄灭，变出两三盏小灯，沿着山间石阶，下到了山腰的宿处。事后想起，这寂静山林之间的摇曳灯影，是否可以看作是后来攀爬天台宗佛教建筑宝山的隐喻？

为了配衬上精细用心的测绘成果，在我所承担的文献整理部分，确实比较用心投入。以前辈学者的成果为基础，尤其是清华郭黛姮老师整理的《保国寺志》，结合现场抄录的部分碑刻文字，以及相关的佛教史料、地方文献等，静心梳理了德贤的事迹，参照同门陈涛有关佛光寺祖师塔的指向性考证方法，完成了对保国寺大殿建造时间的考订，同时完成了保国寺营建大事简表的增减与简略考证。这两个工作成果完成之际，居然得到了张老师的首肯与鼓励，也略微弥补我不务毕业论文正业的忐忑。其间，文献中讨论保国寺大殿的“延庆殿式”引起了我的注意，并以此为切入点延展开来，德贤与法智、保国寺与延庆寺的关系浮出水面，进而，学习宁波地区的天台宗谱系，并开始整理相关寺院的营建记，等等。至此，十六观堂成为我与天台宗佛寺建筑的学术津梁，而有关保国寺大殿的研究，就是十六观堂与我的学术津梁。

在北京完成十六观堂的研究与分析不久，承蒙同仁指点帮助，翻阅到了日韩学者的相关研究，日本学者注意过陈瓘的记文并有引用，韩国研究浮石寺的学者提及了寺内有十六观堂，这些都加强了我对于十六观堂研究价值的信心。嗣后，以十六观堂为根据，上溯天台宗佛教建筑的源头，下推清代内廷的佛教建筑，逐步搭建起本研究的框架，形成了今天的这本小书。而从2009年算起，已经八个年头过去了。

需要说明的是，对天台宗佛教建筑而言，仅仅有我的研究绝对是不够的，甚至可以说是天台宗佛教建筑的不幸：饱含着天台诸多先贤智慧的空间意匠，怎么能仅仅有我愚钝之人关注！所以，我愿意将粗浅甚至有误的成果，献曝于世，以抛砖引玉！

# 前言

天台宗是中国佛教史上较早出现的宗派，其开创者智顗，在探索台宗思想期间，也营建了玉泉寺及天台寺等多处寺院。智顗更是亲自选址及指导放线定位，亲力绘制图样，以及遗言促请国家政权的襄助，为天台山天台寺建设创造了条件。而通过智顗等人的努力，天台寺也成为天台宗佛寺的开端。

智顗之后的天台祖师，大多致力于宗门思想义理的精深与普及化、文献典籍的整理与诠释、弘法基地的建设等三方面工作，并因时代变化而各有侧重。北宋时期，是台宗发展的新高峰期，相关营建活动更趋活跃，知礼营建南湖，遵式重兴天竺，都是台宗佛寺史的重要事迹。不过，智顗设计天台寺的思考未能传承，后世以寺院整体布局反映宗派特色的寺院也未出现，台宗发展的相关变化，只是在建筑单体层面上出现某些呼应。智顗制定的金光明忏法，宋代遵式加以整理扩初，并营建了金光明忏殿，一种台宗寺院内的新建筑类型；同样的，台宗与净土信仰的结合，也促进了净土信仰建筑的发展。

明州延庆寺十六观堂，天台宗僧侣创设的净土信仰建筑，以建筑空间布局阐释了《观无量寿佛经》，与早期禅观窟及相同题材壁画构图颇有渊源。从钱塘从雅的弥陀宝阁探寻开始，到介然的努力结成硕果，明州延庆寺十六观堂可视为天台僧侣在空间营建上对净土道场之涵摄，是宋代天台宗发展在建筑史上之体现。此后，在杭州名刹写仿明州延庆寺十六观堂之后的12世纪中后期，是观堂建筑相继营建的集中时段。据文献所载，大致可知有14例相关的观堂建筑，它们星列在天台宗盛行的两浙地区，恰与慈云遵式实践及推广忏法的弘法行踪有诸多重合，且主要分布在围绕杭州湾的城镇之中。

梳理天台宗佛教建筑的历史，我们注意到了其中智顗钟情山野的选址倾向，以此串联了东晋山寺现象、武德敕令等有关佛寺选址的素材，希望能助力有关佛寺选址的深入。作为天台宗净土信仰典型建筑的十六观堂，因缘际会，更是成为我们分析佛教建筑与文化的切入点。明州延庆寺十六观堂，天台宗僧侣创设的净土信仰建筑，以建筑空间布局阐释了《观无量寿佛经》，与早期禅观窟及相同题材壁画构图颇有渊源。明州延庆寺十六观堂可视为天台僧侣在空间营建上对净土道场之涵摄，是宋代天台宗发展在建筑上之体现。宋代的十六观堂以及清代的雨花阁，都是值得注意的独特内廷佛教建筑，这些内廷禁地中的内道场、内观堂、佛堂佛楼等佛教礼拜空间的出现或营建，因关涉君王好恶、名僧行止、佛经阐释等重要历史信息，往往是宫廷史、佛教史、建筑史等观察的难得素材。同样的，有关十六观堂等建筑的文献，也是研究分析古代社会文化、文人行止与交往、僧侣活动等历史信息的宝贵资料，就如同辽时代的顶幢一般，成为我们窥探辽金佛教信仰对世俗生活影响的一斑。以此为视角，我们还分析了明清两朝有关城市舆图中的寺院表达，通过明清文人对城市舆图的不同排版，简略分析其中是否蕴含有城市空间与寺院建筑的关联线索。

作为代后记，通过传统建筑木构架研究历程的梳理，我们注意到了中国传统建筑研究中，除了更系统、更精细的总趋势下，在研究视野上隐约有从艺术、技术到文化的大体脉络，而这也是本研究有关天台宗建筑研究的大体路径。

# 目录

## 下篇　佛教建筑与文化散议

# 上篇

# 隋唐及北宋天台宗佛寺建筑研究

# 第一章　天台宗佛寺溯源：创教初始双寺并兴

## ——以智顗相关史料为中心

在南北朝末期及隋朝初期，是中国佛教史上的重要关节，中国佛教进入了由学派佛教向宗派佛教转化的重要阶段[①]，对后世影响深远的天台宗、三论宗等宗派即创设于斯时。其中，由智顗所创设的天台宗，更是被诸多学者视为最早出现，亦为首个佛教中国化的宗派，尤受推崇[②]，其中有关天台宗的创设，以及智顗对佛教哲学、仪轨建设、统摄南北佛学等诸多方面的贡献，业有诸多先贤之精到阐述，实为了解天台宗历史的重要基础。

受智顗创教的推动，以荆州玉泉寺、天台山国清寺的建设为起点，相应的宗派属性渗透并体现于寺院营建中，随着天台宗佛教思想及僧团仪轨的定型，佛教建筑中的新事物——天台宗佛寺开始登上历史舞台，并在日后随着天台宗的跌宕发展，或盛或衰，其中的起伏轨迹，当颇有值得令人注意之处。不过令人惋惜的是，隋唐、甚至是宋代的天台宗寺院实物，多数已难觅踪迹，相关寺院的具体情况实令今人杳然难追，所幸于文献方面，尚有少量珍贵的记文等资料，尤其是年代离营建时间不远者，还记录下部分与之相关的信息。作为佛教建筑研究工作的一部分，本节将以佛寺营建为视角，通过天台宗佛寺相关文献的释读工作，尝试爬梳整理相关发展中的数个重要节点，并试图能就宗派发展与寺院建筑演变的关联有所思考，同时也希冀相关粗浅的尝试，能成为日后更为深入研究的引玉之砖。

---

① 赖永海主编，《中国佛教通史·第五卷》，南京，江苏人民出版社，2010年，第38页。汤用彤先生以“学派到教派”精辟概括了这一时段的佛教发展特点，参见《汤用彤学术论文集》，北京，中华书局，1983年，第390页。大致而言，宗派佛学是对特定修行实践进行佛学解释所形成的思想体系，学派佛学则是对印度佛教经典进行解释所形成的思想体系。

② 例如赖永海主编，《中国佛教通史·第六卷》，南京，江苏人民出版社，2010年，第1页，明确提出天台宗为中国佛教史上最早出现的宗派，同时也是第一个中国化的佛教宗派。潘桂明，《中国思想家评传丛书·智顗评传》中，亦有类似主张。

天台宗的得名，实因开创该宗的智者大师住天台山之故[①]。智者大师，即智顗（538—597），其事迹可见于时人柳顾言的《天台国清寺智者禅师碑文》，入门弟子灌顶《隋天台智者大师别传》，以及唐代道宣《续高僧传·智顗传》[②]等传记，而部分智顗的佛教言论以及往来书信等，则保存于灌顶编撰的《国清百录》[③]中。依据以上基本史料，今人汤用彤先生在《隋唐佛教史稿》"天台宗"一节的智顗年表，以及潘桂明先生《智顗评传》[④]所整理的智顗年谱，则更为明了地梳理了智顗融汇南北佛学、开创宗派的精弘学行。

在一生的弘法中，智顗曾参与了诸多佛寺的营造，在灌顶的《隋天台智者大师别传》[⑤]卷末，就引用铣法师所云：（智者）大师所造有为功德。造寺三十六所。大藏经十五藏。亲手度僧一万四千余人。造栴檀金铜素画像八十万躯。传弟子三十二人。得法自行不可称数。此与道宣所谓"顗东西垂范，化通万里，所造大寺三十五所"相近。这些寺院，并未具列，相关名数已难于确定，不过根据相关史料，我们仍可以知道，至少隋开皇十三年（593年）的荆州玉泉寺，以及隋开皇十七年（597年）的天台山国清寺这两座寺院，都是智顗亲力参与营建者，在《国清百录》卷三，收录的开皇十七年（597年），智顗圆寂之前写给晋王杨广的遗书中，就特别提请晋王护持上述两寺。

## 第一节　荆州玉泉寺

隋开皇十一年，在晋王杨广累请之下，数次辞让不成的智顗（时年54岁），到达扬州。晋王设千僧会盛待智顗，并请为自己授菩萨戒，智顗从之且为晋王取法号"总持"，而晋王则报以"智者"之号。次年，智顗返

① 汤用彤，《隋唐佛教史稿》，南京，江苏教育出版社，2007年，第104页。
②《智顗传》见唐代道宣，《续高僧传》卷十七。
③《国清百录》参见《大正藏》卷四六。
④ 潘桂明，《中国思想家评传丛书·智顗评传》，南京，南京大学出版社，1996年。
⑤《隋天台智者大师别传》，见《乾隆大藏经》的"此土著述·第1498部"，亦可参见《大正藏》卷五零。

回庐山，度夏毕，前往潭州（治所在今湖南湘潭），又转赴南岳衡山以报师恩；不久，出于“答生地恩”，智顗来到故乡荆州，并于开皇十三年，在荆州当阳县玉泉山建立精舍。

在《国清百录》卷二，有杨广给智顗的《王入朝遣使参书》[①]提到：奉旨于荆州当阳县境玉泉山陲。为建造伽蓝招提行道。图写地形具以赐示。伏以布金遍地。买园建立。奉置三尊。永流万代。同书随后即有《文皇帝敕给荆州玉泉寺额书》：皇帝敬问。修禅寺智顗禅师。省书具至。意孟秋余热道体何如。熏修禅悦有以怡慰。所须寺名额今依来请。智邃师还指宣往意。开皇十三年七月二十三日。所记即为朝廷赐玉泉山地以造伽蓝，并赐寺院名额之事。

另外，根据隋代当阳县令皇甫毗所撰《玉泉寺碑》[②]，玉泉寺建造是在晋王力请之下，由“众力营之”：尔乃信心檀越。积善通人。咸施一材。俱投一瓦。凭兹众力。事若神功。营之不日而成饰矣。经时而就。层台迴阁复殿连房。寒暑异形阴阳殊制。雕檐绣栱与危岫而争高。凿础镌基共磐岩而等固。

在玉泉寺建成之后，智顗即在此修行弘法，寺成当年就讲说《法华玄义》，并由灌顶记录整理成书，次年（594年），时年57岁的智顗又在玉泉寺讲说《摩诃止观》，完成了“天台三大部”。毫无疑问，玉泉寺可以说是智顗建构及宣扬天台宗理论的重要基地，不过就玉泉寺的建设而言，其中并未能相应地融汇入天台宗的佛教思想，其形态可能不具有典型的天台宗派特色，其原因或有以下几点：

（1）在陈隋交替之际，原先与陈朝关系密切的智顗，在隋军攻陷金陵（589年）灭陈之后，“策杖荆湘”，止息庐山，并拒绝隋文帝第三子杨俊的

---

① 此信或为开皇十二年所作。

② 此文收录于《国清百录》卷四。也有学者认为玉泉寺的经费是由国库支付，见《中国佛教通史·第六卷》第131页，但未作论证。道宣《续高僧传·智顗传》提到“遂于当阳县玉泉山立精舍。敕给寺额。名为一音”。潘桂明先生的智顗年谱，认为是隋文帝听闻玉泉寺建成之后，才敕赐寺额。虽然智顗书信中有提到杨广为之造玉泉寺，不过此说可能乃奉承之词，因《国清百录》中有杨广所作《王与上柱国蕲郡公荆州总管达奚儒书》，大意是智顗造寺后方见请为檀越。

邀见。根据潘桂明先生的研究，针对智顗的不合作态度，次年（590年）隋文帝专门有敕令，要求智顗以佛法配合隋朝统治[①]；随后，智顗在“有条件地”参与了晋王杨广的佛教法会后，婉拒留居金陵的挽留，再度返回庐山，后又来到荆州，并有营建玉泉寺之举。这种营建行为，有远离政治中心之意，因为此时的智顗，根据其《遗书与晋王》所谓“第四恨”者所言：又作是念。此处无缘。余方或有先因。荆潭之愿愿报地恩。大王弘慈霈然垂许。于湘潭功德粗展微心。虽结缘者众孰堪委业。初谓缘者不来。今则往求不得。推想既谬。此四恨也。尚隐约有对新王朝的谨慎与观望，而“第五恨”中也点明了新王朝的地方官，确实以“谓乖国式”，对智顗在荆湘的弘法加以阻拦破坏。试想此般境况之下，智顗当难有对玉泉寺营建寄托过多创新之雄心[②]，而寺院的营建是否当以中规中矩、延续已有式样[③]更为安妥？

（2）玉泉寺营建之时，智顗的天台宗思想尚未完整，直到玉泉寺建成次年，“三大部”方才完成，也就是说，如《摩诃止观》卷二中所谈到的“居一静室。或空闲地。离诸喧闹。安一绳床”等对“一行三昧”修行空间的明确表述，以及与之类似的，后入天台时期（596年之后）的僧团纪律“立制法”[④]，都晚于寺院的营建。而在皇甫毗记文的描述中，寺院景况似乎也没有过于特殊之处。

（3）营建经济力量较为单薄。玉泉寺直到智顗圆寂之前通过遗书请求之后，晋王方答应成为了玉泉寺的檀越，使寺院可能得到相应的国家财政支持，而在建寺之时，更多是通过信众“或施之材、或投之瓦”而集腋成裘，且历时仅约一年，加之前面谈到的荆州州司官人对玉泉寺学禅集众一事有所敌意的氛围，都可能对寺院的整体规制及空间构想的实

①《智顗评传》第二章。

② 这与我们下文所要谈到天台山国清寺营建过程中，智顗投入心力形成鲜明对比。

③ 智顗在荆州还修治了当地的十住寺；同时我们还注意到智顗遗书中，谈到自己功德之前，提到“南岳师于潭州立大明寺。弥天道安于荆州立上明寺。”依此两点或可略作推测：首先智顗对荆州原有寺院当较为熟悉，结合言语中对先辈所造功德的崇敬之意，所以很有可能在玉泉寺的营建中，延续荆湘地区已有的寺院格局。

④ 参见《国清百录》卷一“立制法”。

现有所掣肘。

即便玉泉寺并非完美地融汇了天台宗佛教思想及修行仪轨的寺院，不过相信通过玉泉寺的营建实践，以及玉泉寺寺院空间内的修行活动，还是能给予智顗以及相关僧侣们，整理及总结相关思考的宝贵经验。就在玉泉寺营建数年之后的开皇十八年，在智顗经营多年且寄予深厚情感的天台山，更具天台宗派属性的国清寺即将营建。从时间上的前后相续以及佛法思想、制度仪轨的不断成熟，都使得我们有理由将玉泉寺的营建，视为天台山国清寺的前奏与准备[①]。

## 第二节　天台山国清寺

### 一、结缘天台山

早在陈朝宣帝太建年间，智顗居留金陵瓦官寺，受到陈朝帝王百官厚待期间，就有了隐居天台山之意，如《续高僧传·智顗传》作“语默之际每思林泽”所传神者，而灌顶《隋天台智者大师别传》中（后文简称《别传》）还详引了智顗自语：昔南岳轮下及始济江东。法镜屡明心弦。数应初瓦官。四十人共坐。二十人得法。次年百余人共坐。二十人得法。次年二百人共坐。减十人得法。其后徒众转多。得法转少。妨我自行化道。可知群贤各随所安。吾欲从吾志。蒋山过近。非避喧之处。闻天台地记称有仙宫。白道猷所见者信矣。山赋用比蓬莱。孙兴公之言得矣。若息缘兹岭啄峰饮涧。展平生之愿也。此后，尽管宣帝等人有所挽留，时年38岁的智顗还是在太建七年（575年）离开条件优渥的金陵帝都，与慧辩等二十余人，远赴据说幽胜且“昔人见称”的天台山[②]，隐居实修止观，直到十年后的至德三年（585年），才下山重赴金陵。在这次居留天台山期间，智顗

① 根据智顗与晋王的遗书，智顗恳请将玉泉寺的十名僧侣，移住守天台，是为人员方面之准备。

② 据《天台藏》之《天台九祖传·传佛心印记注》的“四祖天台智者法空宝觉灵慧大禅师传”所记“（太建）七年。谢遣门人曰……吾闻天台幽胜。昔人见称……夏四月。宣帝敕留训物。徐陵泣劝勿住。师（智顗）勉留度夏。秋九月。遂入天台。”转引至《中国佛教通史·第六卷》第62页。

先是“历游山水。吊道林之拱木。庆昙光之石龛。访高察之山路。漱僧顺之云潭。数度石梁。屡降南门。荏苒淹流。未议卜居。常宿于石桥。”较为深入地考察了天台山后，不久才“于光（当时居住在山上的定光禅师）所住之北峰创立伽蓝”（见《别传》），位置为《续高僧传·智顗传》所谓“佛垄山南”，《国清百录·序》述作“初隐天台。所止之峰旧名佛陇”者[1]，并且，智顗还将该伽蓝北边的华顶峰作为修头陀苦行之处。佛陇毕竟远离都邑，交通不便，供给有时颇为短缺，不过就在太建九年（577年）二月，陈宣帝下敕割始丰县调以充众费，给予了物质支持，次年十月又赐给寺名“修禅寺”[2]，该寺也成为智顗于天台山最为重要的弘法基地。

令人感慨的是，智顗言行流露出对天台山的深厚情感。除了较早前就已在《重述还天台书》[3]中明白地将天台称为“寄终之地”外，在《敬礼法》中列入礼敬天台山王等山神的内容[4]，智顗还示下遗愿寂后立塔兹山[5]，有学者更认为智顗实有意圆寂于天台山西边门户的石城[6]。灌顶所作《别传》，称智顗出家之前，曾经：当拜佛时举身投地。恍焉如梦见极高山。临于大海澄渟蓊郁更相显映。山顶有僧招手唤上。须臾申臂至于山麓。接引令登入一伽蓝。后来到了天台山后，“瞻望寺所全如昔梦。无毫

① 杜洁祥主编，（明）传灯着《中国佛寺史志汇刊·第三辑·天台山方外志》（台北，丹青图书公司，1985年）卷四。“大慈寺”条称，佛陇寺（或称修禅寺、禅林寺），在国清寺建设以后，就改名为佛陇道场，会昌灭法时废，咸通八年（867年）重建，到宋大中祥符元年该额大慈寺。宋人王十朋有“大慈寺”诗中有“嵬岭迢迢入翠微，梵宫佛陇锁烟菲”句，洪适有诗题名即为“大慈寺佛陇”。

②《国清百录》卷二收录有“天台山修禅寺智顗禅师放生碑文”。根据唐代梁肃（753—793）《天台禅林寺碑》（收录《佛祖统纪》卷四九），修禅寺“自上元宝历之世。邦寇扰攘。缁锡骇散”，改名禅林寺重建。梁氏该文收于《全唐文》卷五二零时，题作“台州隋故智者大师修禅道场碑铭”。

③ 收录《国清百录》卷三。

④ 见《国清百录》卷一，从为（陈朝）武元皇帝祈祷等内容看，这个敬礼文应当是在第一次入天台山时期所作。

⑤《续高僧传·智顗传》智顗于天台山，“不久告众曰。吾当卒此地矣。所以每欲归山。今奉冥告。势当将尽。死后安措西南峰上。累石周尸植松覆坎。仍立白塔。使见者发心。”

⑥ 见参考文献1，第80页。《别传》中有“吾（智顗）知命在此。故不须进前也。石城是天台西门。天佛是当来灵像处所。既好宜最后用心”，《续高僧传》中也记为“（智顗）端坐如定而卒于天台山大石像前”。

差也”，恍然就是梦中所见之山[①]；这与相关传记中所描写的智顗于天台山中的神遇故事相似，更是共同将智顗与天台山的结缘神异化了。

学者们虽然对智顗入天台山的原因，尚且众说纷纭[②]，不过大家都认同天台山这十年修行，对于智顗天台佛法的创立极为关键，在此借用《中国天台宗通史》的论断：“智顗在天台山的活动，使他在金陵佛教的基础上，通过对禅教（止观）的进一步系统研习，成熟了‘圆融实相’的学说，形成了独特的天台宗教理论体系；又由于陈宣帝的物质支持，得于确立起最初的独立寺院经济。智顗长期定居于天台山，使该山成为他和弟子们宗教活动的中心；随着徒众的不断增加，天台宗佛教的宗教轨范制度也开始形成。”[③]

第一次居留天台山十年（575～585年）后，智顗离开天台山，先后到过金陵、荆州、庐山、扬州等处[④]，到隋开皇十六年（596年）春，再度来到天台山，直到次年圆寂。从相关史料来看，后入天台时期，智顗投入了极大心力于国清寺的筹建。

## 二、筹建国清寺

开皇十七年（597年）十一月，智顗在写给晋王的遗书中提到：今天台顶寺茅庵稍整。山下一处非常之好。又更仰为立一伽蓝。始剪木位基。命弟子营立。不见寺成。冥目为恨。天台未有公额。愿乞一名。移荆州玉泉寺。贯十僧住天台寺。乞废寺田。为天台基业。寺图并石像。发愿疏。悉留仰简。

信中所及的天台山该处新建寺院就是后来的国清寺，不过“国清寺”

① 这个出自智顗门下弟子灌顶之手的故事，很有可能是出自智顗自己的描述。
② 参见《中国佛教通史·第六卷》第63页，常见的说法有四种：逃避佛教界的纷争、行“头陀”自修、厌倦都市而隐居、寻找适合当时众生根机的佛法。
③ 潘桂明、吴忠伟，《中国天台宗通史》，第87页，南京，江苏古籍出版社，2001。
④《中国佛教通史·第六卷》第64页，整理了585—596年期间，智顗的大致行迹：天台山——金陵——潭州——庐山——扬州——岳州（今湖南岳阳）——衡山——荆州——扬州——天台山。

定名还需到大业元年[①]（605年），在此之前的往来文书中多称“天台寺”。

首先，该处寺院的选址，根据遗书所言，是由智顗确定于“非常之好”位置，且在世时就亲命弟子开始整理基地[②]，在隋代柳顾言所撰《天台国清寺智者禅师碑文》，以及《别传》、《续高僧传·智顗传》等记文中，则有将寺院选址及定名过程神异化的描写[③]。据隋开皇十八年杨广所作《王遣使入天台建功德愿文》，“并就天台指画之地。创造寺塔”，则天台寺寺址即用智顗所选之地。

其次，智顗构思并设计了天台寺，遗书中的“寺图”就是天台寺的“指画”规划。据《别传》所述：其冬十月，皇上归蕃。遣行参高孝信入山奉迎。因散什物用施贫无。标杙山下处拟殿堂。又画作寺图。以为式样。诫嘱僧众。如此基陛俨我目前。栋宇成就。在我死后。我必不睹。汝等见之。后若造寺。一依此法。司马王弘依图造寺。山寺秀丽方之释宫。则大约在开皇十七年冬天，智顗在基地现场实际放样的基础上，完成了寺院式样设计，并绘制相关图样，柳顾言《天台国清寺智者禅师碑文》记载智顗告诫弟子们，新寺院“其堂殿基址一依我图”。《续高僧传·智顗传》也引《别传》说法，称智顗将“殿堂厨宇以为图样”。后来，弟子们根据智顗安排，将设计图纸和智顗遗书等物件一并送呈杨广。

进而，在杨广答复智顗遗书的《王答遗旨文》[④]：遗旨以天台山下。遇得一处非常之好。垂为造寺。始得开剪林木。位置基阶。今遣司马王弘。

---

①《国清百录》卷三提到国清寺得名经过，“敕立国清寺名”：“又前为智者造寺。权因山称。经论之内。复有胜名。可各述所怀。朕自详择。”先是皇帝命寺僧在经论内取名，供皇帝拣选。后一篇“表国清启”说：“诸僧表。戒师有行者。圣表寺为禅门五净居。其表未奏。僧使智璪启云。昔陈世有定光禅师。德行难测。迁神已后。智者梦见其灵云。今欲造寺未是其时。若三国为一家。有大力势人当为禅师起寺。寺若成国即清。必呼为国清寺。伏闻敕旨欲立寺名。不敢默然。谨以启闻。谨启通事舍人李大方奏闻。敕云。此是我先师之灵瑞。即用即用。可取大牙殿榜。填以雌黄书以大篆。付使人安寺门。”《国清百录》以此条文为界限，前此多称天台寺，后此则称国清寺，改称国清寺的卷四“敕度四十九人法名”中，文中有“大业元年十一月”计时。

② 杨广所作《王答遗旨文》中，所谓“遗旨以天台山下。遇得一处非常之好。垂为造寺。始得开剪林木。位置基阶”。

③ 大体是说，在智顗入山之前就居住在此的神僧定光师，预言了隋朝太子造寺、寺若成国即清等事，并根据各自描写需要，加以层累及修饰。

④《国清百录》卷三。

创建伽蓝。一遵指画。寺须公额。并立嘉名。亦不违旨。以及杨广在十一月所作《王吊大众文》的声明："唯当敬依付嘱。不敢弭忘。应建伽蓝。指画区域。须达引绳。"都表明杨广对智顗相关设计的尊重，保证了寺院营建能遵照智顗的设想。

第三，国清寺建造资金是由智顗向杨广申请后，获得国家资助。智顗在给晋王杨广的遗书中请杨广"仰为立一伽蓝"，并得到应允，杨广派出朝廷官员主持营建。根据《佛祖统纪》卷七"东土九祖纪·灌顶"条中所记：（开皇十八年）二月。王遣使王弘送还山。为智者设千僧斋。始用工造国清寺。在同年所作的天台山众答谢朝廷的文字中也说"今蒙（朝廷）缮造"，并且将朝廷建寺一事提升为前定机缘，多加奉承；而在仁寿元年十月寺院建成之际，寺僧又上《天台众谢造寺成启》，说寺众"奉酬圣泽。不任喜荷"。而隋朝皇帝的《敕度四十九人法名》[①]文中也说"天台福地实为胜境。所以敬为智者建立伽蓝"。是故，柳顾言碑文在《国清百录》中也题作"敕造国清寺碑文"。

此外，在《国清百录》卷四收录的《僧使对问答》中，皇帝问起：师（智顗）寺舍有穿漏欹斜不。（僧侣）对云。当起寺时既是春初。竹木并非时节。至今已有穿漏。亦得临海镇官人恒检校修理。敕云好。若未整顿。弟子即敕使人检校。对云尔。表明日后寺院的检查修理，也概由官方负责。

通过上述文献梳理，我们也基本可以推知天台寺（国清寺）的建造过程，其选址及地基整理大约开始于开皇十七年（597年），次年春初，隋朝官员王弘到达天台山，开始建造，到仁寿元年（601年）十月完成多数殿堂。在大业元年（605年）又"筑四周土墙。造门屋五间"。而李邕《国清寺碑（并序）》[②]所云"至义宁之初，寺宇方就，事属皇运，言符圣僧。"则可能是收尾完善工作持续到隋末义宁（617～618年）初。虽然具体建造时，智顗已经圆寂，不过，在杨广虔心护持及国家资助下，寺院仍是遵照

① 此段所引文献多见载于《国清白录》。
② 李邕，《国清寺碑并序》见《全唐文》卷二百六十二。

智顗所指画的图样来营建。

## 三、寺院式样浅谈

国清寺寺院式样的真实形态，目前尚难详论[①]，下面，我们姑且从几个侧面来谈谈一些与其形态相关的因素。

（1）以南朝寺院为蓝本的再创造

在天台寺营建过程中，朝廷官员可以依照图样完成工程，且前述相关史料也未见营建不顺之线索，此或表明智顗所留图样，与当时的营建体系颇为契合，使官员能在拿到图样后三年就完成寺院建设[②]。此外，从三十岁接受慧思所命开始，到金陵弘法，于太建元年（569年）被延请入瓦官寺，不久入天台隐居十年，后又下山回陈都金陵，一度居留光宅寺，直到隋朝灭陈而辗转荆州等地，智顗大部分活动在南方地区；他曾受朝廷礼敬居住于名刹大寺多年，加上曾亲自修造过多处寺院，智顗当对南方寺院，尤其是南朝寺院式样极为了然。

根据宿白先生的研究[③]：寺院布局逐渐复杂，而且南方变革之巨，远逾于北方……东晋以来，南北方的佛教寺院除了延续旧制（以塔为主的布局传统）外，文献中还较多地出现了扩大寺院建制或兴建其他屋舍的记录。寺院中在佛塔以外，有了佛殿、讲堂及禅林三类建制，这或与当时“舍宅为寺”风尚有所关联。到了隋代，文献及壁画中出现了以殿堂为主的佛寺[④]，虽文献著录较少，宿白先生仍发现荆州寺、滑州明福寺二例，其中中原及南方各一例。与该时段的长安光明寺（584年）[⑤]、长安清禅寺（594年）、江都长乐寺（593年）多崇佛塔相比，荆州寺（595年）因像构殿、殿堂为主，颇为特殊，此般殿堂权重提升，或为南方寺院的

① 根据明代传灯《天台山方外志》，从隋至明，国清寺屡次毁坏、屡次重兴。

② 据《天台国清寺智者禅师碑文》及《国清寺众谢启》，当时或有过千僧法会，估计寺院规模可能不小。

③ 宿白，《东汉魏晋南北朝佛寺布局初探》，北京大学中国古代史中心编，《庆祝邓广铭教授九十华诞论文集》，河北教育出版社，1997，第30页。

④ 宿白，《隋代佛寺布局》，《考古与文物》1997年第2期，第29页。

⑤ 本段的括号内为建塔或建殿时间。

特点之一。

联系到前述文献中，智顗经手营建的修禅、玉泉等寺院相关的记文中，都没有过多地描述或渲染寺院内的塔，而在文献更为详细的天台寺资料中，情况亦同，则可推测天台寺正是以殿堂为主，正与南方地区南朝、隋初寺院布局多元变革相合拍。另外，李邕《国清寺碑》中所谓：仪凤二年（677年）三月十日制曰："台州国清寺。迥超尘俗。年代或异。妙相真容。累呈感应之迹。或净居仙宇。函有徵祥之效。大启良缘。实寄兹所。宜今寺内各造七级浮图一所。度僧七七人。自今有阙。随即简补。其文墨之间，先赞真容、仙宇，而浮图实为后增，此虽后人之说，亦或可略证前言[①]。

（2）智顗是一个具有创新精神的天台僧侣

从智顗生平来看，他勇于革新，将中国佛教从对印度佛教的步趋成规中解放出来；融会印度之学说并自立门户，建构中国佛教哲学的壮举，史实明晰自不待言。就是在安排自己身后葬法上，他同样也表现出非凡的创新。

根据《续高僧传·智顗传》记载，智顗生前就告知了弟子们如何处理自己的后事，即所谓"累石周尸，植松覆坎"。智顗圆寂后，弟子们正是"依有遗教而敛焉"，后来"而枯骸特立端坐如生。瘗以石门关以金钥"。这种全身入葬于设门龛室的形制，即真身塔葬法。根据学者们的研究，智顗很有可能是文献记载中，最早采用真身塔葬法的高僧[②]。并且，通过陈涛先生的研究分析，智顗是在联系自己创立的"五时八教"判教体系，将《法华经·见宝塔品》中多宝佛"全身不散如入禅定"阐释为"出证圆经"，进而赋予"全身舍利"宗教意义而视为精深圆教之象征，并最终设计了自己的独特葬法，而这种真身塔葬法，充分体现了智顗及其所创天台宗在宗教理论及仪轨上的创造力。

① 国清寺现有隋塔，因1953年郑振铎先生将二层线刻佛像定为隋代作品而定为隋塔。且该塔高踞山麓，不在现国清寺主要殿堂范围之内。

② 类似研究可参看刘淑芬、严耀中等的文章。陈涛，《五台山佛光寺祖师塔考》，王贵祥主编《中国建筑史论汇刊》第二辑，清华大学出版社，2009，第71页。

相信类似的创造力，在智顗所指画并郑重于遗书中相付杨广的天台寺图样中，也必有所反映，而《别传》所记“后若造寺一依此法”或是柳氏所谓“（智顗）语弟子云。当成就陇南下寺。其堂殿基址一依我图”的训诫，或正是对创新之处的自信与珍重。

（3）新判教精神、天台仪轨新制法定型或为创新的动力

在智顗的判教体系中，出于创立宗派的需要，将《法华经》奉为最高经典，并将该经确立为天台宗的宗经[①]；本宗经典至高的自觉，很可能影响到天台寺的构思与定位，才有了亲力设计之举，而在早期修禅、玉泉两寺则未见类似行为。而且，在天台寺构思期间，包含阐释《法华经》内容的“天台三大部”也已完成。

《国清百录》卷一收录有智顗所作“立制法”，其中谈到：前入天台。诸来法徒各集。道业尚不须软语劝进。况立制肃之。后入天台。观乎晚学。如新猿马。若不控锁。日甚月增。为成就故。失二治一。蒲鞭示耻。非吾苦之。今训诸学者。略示十条。后若妨起应须增损。众共裁之。反映智顗在后入天台期间，已经开始注重“立制肃法徒晚学”，这也是僧团发展壮大的必要应对。其中所列十条制法，以约束僧人举止为主要内容，而执行相关制法，必然需要有相应的空间处理，比如设置禅堂以供坐禅、隔绝寺域内外以定赏罚等，所以有理由相信，智顗制定制法之际，已经有对寺院空间格局的成竹在胸[②]。与之类似，智顗所制定的佛事忏法，对行忏道场的庄严等要求，也可能对寺院殿堂设计有所影响。在《天台众谢造寺成启》：越（智越）等庸薄谬齿门徒。仰惭栋宇。俯励心力。常于寺内。别修斋忏。恒专禅礼。庶藉熏修。奉酬圣泽。不任喜荷。也正表明在天台

---

① 潘桂明、吴忠伟着，《中国天台宗通史》，第188页。

② 所列十条制法其中：第一。夫根性不同。或独行得道。或依众解脱。若依众者当修三行。一依堂坐禅。二别场忏悔。三知僧事。此三行人。三衣六物道具具足。随有一行则可容受。若衣物有缺。都无一行则不同止。第二依堂之僧。本以四时坐禅六时礼佛。此为恒务。禅礼十时一不可缺。其别行僧行法竟。三日外即应依众十时。若礼佛不及一时罚三礼对众忏。若全失一时。罚十礼对众忏。若全失六时罚一次维那。四时坐禅亦如是。除疾碍。先白知事则不罚。第七其大僧小戒。近行远行寺内寺外。悉不得盗啖鱼肉辛酒。非时而食。察得实不同止。除病危笃瞻病用医语。出寺外投治则不罚。与寺院空间格局有较多交涉。

寺建成之后，寺内经常举行忏法及禅礼。

综上所述，天台宗的实际创立者高僧智顗，以南朝及隋处的南方佛寺为基础，结合天台佛教思想及仪轨的建设而有所创新，构思设计了适合止观修行的天台寺，并且在国家政权资助下得于建成，而天台寺也可谓完全具有宗派属性的天台佛寺。

# 第二章 隋唐至北宋之天台宗佛寺刍议

## ——以历代祖师相关史料为中心

在南北朝末期及隋朝初期，是中国佛教史上的重要关节，中国佛教进入了由学派佛教向宗派佛教转化的重要阶段①，对后世影响深远的天台宗、三论宗等宗派即创设于斯时。其中，由智顗所创设的天台宗，更是被诸多学者视为最早出现、亦为首个佛教中国化的宗派，尤受推崇②，其中有关天台宗的创设，以及智顗对佛教哲学、仪轨建设、统摄南北佛学等诸多方面的贡献，也有诸多先贤之精到阐述，实为了解天台宗历史的重要基础。

受智顗创教的推动，以荆州玉泉寺、天台山国清寺的建设为起点，相应的宗派属性渗透并体现于寺院营建中，随着天台宗佛教思想及僧团仪轨的定型，佛教建筑中的新事物——天台宗佛寺开始登上历史舞台，并在日后随着天台宗的跌宕发展，或盛或衰，其中的起伏轨迹，当颇有值得令人注意之处。不过令人惋惜的是，隋唐、甚至是宋代的天台宗寺院实物，多数已难觅踪迹，相关寺院的具体情况实令今人杳然难追，所幸于文献方面，尚有少量珍贵的记文等资料，尤其是年代离营建时间不远者，还记录下部分与之相关的信息。作为佛教建筑研究工作的一部分，本节将以佛寺营建为视角，通过天台宗佛寺相关文献的释读工作，尝试爬梳整理相关发展中的数个重要节点，并试图能就宗派发展与寺院建筑演变的关联有所思考，同时也希冀相关粗浅的尝试，能成为日后更为深入研究的引玉之砖。

---

① 赖永海主编，《中国佛教通史・第五卷》，南京，江苏人民出版社，2010年，第38页。汤用彤先生以"学派到教派"精辟概括了这一时段的佛教发展特点，参见《汤用彤学术论文集》，北京，中华书局，1983年，第390页。大致而言，宗派佛学是对特定修行实践进行佛学解释所形成的思想体系，学派佛学则是对印度佛教经典进行解释所形成的思想体系。

② 例如赖永海主编，《中国佛教通史・第六卷》，南京，江苏人民出版社，2010年，第1页，明确提出天台宗为中国佛教史上最早出现的宗派，同时也是第一个中国化的佛教宗派。潘桂明，《中国思想家评传丛书・智顗评传》中亦有类似主张。

## 第一节　湛然中兴迎居别院

### 一、智顗身后的天台宗

在“智者大师”智顗及其弟子“章安大师”灌顶（561—632），共同推动了创教阶段的宗派发展高峰后，随之而来的却是宗门传播无力的衰弱。由两位大师共同创建、经营的两大道场[①]：荆州玉泉寺与天台山国清寺，也分裂形成国清寺系和玉泉寺系两大派别。

先来看玉泉寺，根据《玉泉志》[②]卷一“营建志”记载，经仪凤年间（676~679年）方神秀有所增修，直到南宋绍兴年灾之前，玉泉寺寺院都基本完好。但是，在灌顶、道势、法盛之后，玉泉系的僧侣们却没有承续智顗所开创的教观体系[③]，而是兼学教、律、密等，开始于玉泉寺修习天台的多位高僧，弘景（634—712）和惠真（673—751）后皈依律学，普寂（651—712）成为禅宗北宗七祖，一行（683—727）成为密宗名僧，承远（712—802）和法照（生卒不详）入嗣净土祖师。以至于注重天台法统脉系传承的宋僧志磐，于《佛祖统纪》中以“未详承嗣”而弃却了玉泉寺系[④]。此般学风之下的玉泉寺，成为宗派变换的道场，已经渐行渐远，而不算纯正的天台佛寺了。

相较之下，国清寺系的几代传人，如《佛祖统纪》所录的智威、慧威、左溪玄朗（673—754）等人，个人都能坚持天台法门、维系止观义理，不过往往又都保守内向，多热衷栖隐自修，而于弘扬宣法方面略有亏缺。如此一来，在风起云涌的宗派并起潮流下，此时的天台宗便呈现出衰微乃至沉沦之状。而此般境况，到了玄朗弟子荆溪湛然（711—782）重振宗风时，方得于改观。

从智顗身后到玄朗期间，天台高僧似乎于佛寺营建之贡献，乏善可陈。灌顶主要工作集中在智顗思想的整理以及天台经典的著述；智威虽于

---

① 灌顶从陈朝至德元年（583年）就开始跟随智顗。
② 杜洁祥主编，（清）李元才等编修《中国佛寺史志汇刊·第三辑·玉泉志》（台北，丹青图书公司，1985年）。
③《中国天台宗通史》，第341页。
④《中国佛教通史·第六卷》，第132页。

唐肃宗上元元年（760年），曾在仙居附近的轩辕炼丹山建法华寺，其“习禅者三百人。听讲者七百众。常分为九处安居”，当为散落山间的禅房群，规制及规模自与天台寺不可相提并论；慧威干脆就“深居山谷。罕交人事”；玄朗的传记中，提到：（玄朗）依凭岩穴建立招提。面列翠峰左萦碧涧……常宴居一室。自以为法界之宽……师所居兰若。坐非正阳。将移殿与像。用力实艰。杖策指挥。工人听命。为日未久。旧制俨然。同样性喜山野且好独居，于寺院布局上似遵旧制，较为守成[①]。相信在宗派衰弱之际，义理承续尚成问题时，佛寺营建自然难成气象，隋代智顗时期，一宗雄峙，国家全力资助之盛景已难再现。另外，智顗有关天台佛寺的实践，尤其是天台寺图样背后的意匠与构想，因为在成图次年即告圆寂，未能成诸文字，使后嗣传人难于深入整理、体悟其中意匠，也就缺少传播天台佛寺式样的动力了，而智顗于天台寺中投入的心智，可能也就渐渐不为人知了。

## 二、湛然的别院

天台宗在唐代，历经前代数祖的相对衰微后，迎来了焕然中兴，其得力者为天台宗第九祖荆溪湛然（711—782）。湛然通过将智顗精深的天台学说普及化，并展开对华严、法相、禅宗等宗派思想的破斥，加上能对宗学有所创新拓展，使天台宗在宗派并起林立之际能再得于振兴及发展[②]。

在《佛祖统纪》以及《宋高僧传》中的湛然传，仍以描述宗门义理贡献为主，而都未提到营建佛寺之事。不过，根据湛然门下弟子梁肃（753—793）所撰《天台禅林寺碑》[③]中所记：今湛然禅师。行高识远超悟辩达。凡祖师之教在章句者。以引而信之。后来资之以崇德辩惑者不可胜数。盖尝谓肃曰。是山之佛陇。亦邹鲁之洙泗。妙法之耿光。先师之遗尘。爰集于兹。自上元宝历之世。邦寇扰攘缁锡骇散。可易名建寺。修持塔庙。庄严佛土。回向之徒有所依归。繄众人是赖。湛然有计划将佛陇

① 四位高僧，皆见《佛祖统纪》卷七。
②《中国佛教通史·第六卷》第138页。
③ 见《佛祖统纪》卷四九。

修禅寺改名禅林寺，并修持塔庙，而不是关注国清寺（原智顗设计的天台寺）[①]。相信作为熟知智顗的后人高僧，湛然应当了解智顗亲自设计天台寺一事，而他将佛陇寺视为台宗圣地，显然更为重视智顗首次入台期间于佛陇建构天台佛教思想的精神意义，这对惯于“大布而衣，一床而居”生活，且身处时有“大兵大饥”年代的湛然，也是很自然的倾向。

另外，梁肃还记录有湛然入住止观堂一事，也是侧面了解湛然时期，天台宗弘法修行空间的难得文献，且录全文如下：沙门释法禺。启精庐（亦作舍）于建安寺西北隅。与比邱众劝请天台湛然大师转法轮于其间。尊天台之道。以导后学。故署其堂曰“止观”。初南岳祖师受于惠文禅师。以授智者大师。于是乎有止观法门大旨。“止”谓之定。“观”谓之慧。演是二德，摄持万行。自凡夫妄想。讫诸佛智地。以契经微言。括其源流。正其所归。圆解然后能圆修，圆修然后能圆证，此其略也。自智者五叶传至今。大师当像法之中。诞敷其教。使在家之徒。拨邪反正。如大云降雨。无草木不润。升其堂者甚众。其后进入室。不十数人。法禺与居一焉。予以为法门有三观。遂征之此堂。盖非缘不成。空也。有之以为利，假也。不广不狭不奢不陋。中也。又以净名之喻宫室。谓于虚空然后不能成。随其心净。则一切境净。作一物而观者获数善焉。又况我大师居之。为斯人之庇乎。小子忝游师门。故不敢不志。时大历九年冬十一月日记。

这篇梁肃作于大历九年（774年）的文章，记述了法禺为延请湛然传天台学，于常州建安寺西北隅，建止观堂供湛然居住弘法的经过，并在列举天台师祖谱系后，对湛然多有褒扬，文末则是以天台学视角，对止观堂的称谓及相关空间所作的阐释。

根据《佛祖统纪》记载，法禺列名于湛然的“旁出世家”，但没有生

① 当时的国清寺，宗派情况不明确。但是从《佛祖统纪》来看历代天台祖师，灌顶尚且圆寂于国清寺，智威圆寂与仙居法华禅堂，慧威归止东阳，玄朗另建招提，湛然圆寂于佛陇，如此看来，很可能从这段时间开始，国清寺渐渐不是那么纯正的天台宗佛寺。

卒年等详细信息[①]。而法禺建堂所在的常州建安寺，同样史料较少[②]。目前只在唐代道宣《续高僧传》的宝琼、智琚传[③]中提到，法藏的《华严传》也列有“唐常州建安寺智琚法师”，该法师为修华严的僧侣，圆寂于武德二年（619年）。在天台宗为主干的《佛祖统纪》中，自然不会列出智琚，而全书唯一提到建安寺处，说的就是止观堂营建，由此似乎可以推断，常州建安寺当非天台宗佛寺，而这应当也是另建别院的主要原因。

很可能，当时建安寺的僧侣法禺，倾慕天台法门，邀请湛然讲法时，于寺院一隅营建止观堂，从而避免与寺院主体有所干扰[④]，这与后文将谈到的宋代知礼曾与律宗共处一寺，各据一子院者或有类似。

## 三、空间与宗派的新关系

在湛然的时代，佛教其他宗派已然多成气候，对天台宗形成冲击，正如《佛祖统纪》卷七所言：而自唐以来。传衣钵者起于庾岭。谈法界。阐名相者盛于长安。是三者。皆以道行卓荦。名播九重。为帝王师范。故得侈大其学。自名一家。在此境况下，注重与他宗竞争，重新树立天台宗的号召力至为重要，湛然：于是大启上法。旁罗万行。尽摄诸相。入于无

---

①《佛祖统纪》卷十，很可能志磐就是根据梁肃止观堂记文而作如是论述的。而法禺很可能也是先学他宗，后改入湛然门下。

② 宋代的常州地方志《咸淳毗陵志》中，未见建安寺。

③《续高僧传·智琚传》：释智琚。新安寿昌人。俗姓李氏。原其世系出自高阳未胄。任为理官。仍以为姓。时代音变。遂以理为李。因而氏焉。其本冀州赵郡典午。东迁徙居江左。父祎仕梁员外散骑侍郎。琚年十九。便自出尘听坦师释论。未淹灰管频闻精义。坦即隋齐王暕之门师也。次听雅公般若论。又听誉公三论。此三法匠名价尤重。琚欲洁操秉心。偏穷法性。诸高座主多无兼术。古人有言。学无常师。斯言有旨。广寻远讨曲尽幽求。年二十七即就敷讲。无碍辩才众所知识。说经待问亟动恒伦。及坦将逝。以五部大经一时付属。既蒙遗累即而演之。声价载隆。玄素攸仰。然其口不言人。眼无受色。牢醍弗尝荤辛无犯。入室弟子明衍。受业由来便事之为和上。亡前谓曰。吾以华严大品涅槃释论。此文言吾常吐纳。今以四部义疏付。属于汝。乃三握手。忽然而终。卒于常州之建安寺。即武德二年六月十日也。窆于毘坛之南寺之旧兆。衍姓丘氏。晋陵名族。容止可观精采卓异。敬崇芳绩树此高碑于寺之门前。陈西阳王记室谯国曹宪为文。

④ 由于对当时建安寺情况不明，故对仪轨方面存在的差异不作阐释。虽然在唐代针对三阶教的三阶院诏令中，我们可以知道设有别院的寺院，宗派及仪轨可能有所差异。独设偏院很可能是出于尊崇，不过由于止观法门的仪轨与建安寺主体的修行有冲突，而另建止观堂的可能性，也不能完全排除。

间。即文字以达观。导语默以还源。乃祖述所传章句。凡十数万言。心度诸禅。身不踰矩。三学俱炽。群疑日溃。求珠问影之类。稍见罔象之功。行止观之盛。始然之力也。[1]可见，湛然的工作主要是在义理上用心，尤勤著述，现代学者也认为湛然投入心力，围绕天台哲学的重要议题——心性学说，所建立的新理论体系，是中国佛教思想史发展的重要环节[2]。了解类似的背景，且再看梁肃的记文。

梁肃的止观堂记文，也明显略实物描述而倾向于思想阐释，文中表达了“空、假、中”的随宜，强调了“心净”情绪下，对环境、实体、装饰的淡然。而在止观堂营建中，建筑与天台宗宗派之间的联系，更多只是通过建筑名称、建筑阐释等无形因素得于建构，所谓“法门三观征之此堂”。此般联系下，对建筑只有“不广不狭不奢不陋”的泛泛要求，换而言之，合乎类似要求，且可以行“止观”法门的空间，就都可作天台宗修行道场了。

天台宗创设时期，由智顗营建天台寺所建构的那种严密关系：即宗门设计寺院、寺院举宗门仪轨、行宗门制法而成为弘扬宗派思想、培育法脉的基地，在世道变迁、他宗群起的湛然时期，已难以为继。各宗各派百舸争流下的宗门存亡更为关键，思想层面的法脉传续工作更为紧要，而对在寺院空间设计中融会宗派特点，渐渐有所忽略了。没有湛然参与营建的止观堂，一样可以成为湛然传天台法门的场所，止观堂的宗派特色，主要由空间内所进行的宗教活动、传法来体现。这可以说是湛然时期，天台佛寺，或者相关修行场所的空间与宗派的新关系[3]。

导致这种新关系出现的，除了湛然个人工作上的侧重与倾向之外，相信如前述玉泉寺主要僧侣，改信他宗的现象也是动因，因为宗派属性可以灵活转换下，则必然与较难随机更替的建筑、环境等实体有所脱节。而更为深层上，佛教主流思想所宣扬的，那种对社会物质的适度排斥、对居住

---

①《宋高僧传·唐台州国清寺湛然传》。

②《中国天台宗通史》第284页。

③ 这里仅论述该止观堂营建所反映者，其他如楚金建多宝塔等事迹，实际上还有天台宗宗门构思设计建筑物的现象。

要求的无欲无求之本质，也很容易促成类似的忽略与脱节，自然地产生并蔓延。

## 第二节　四明尊者改造他寺

### 一、晚唐、五代及宋的天台山

从天台九祖湛然中兴之后的近两百年，即中晚唐及五代时期，宗派代有传人，大致平稳发展，依次诸祖为湛然传十祖道邃（生卒不详），十一祖广修（770—843），十二祖物外（生年不详—885），十三祖元琇（生卒不详），十四祖清竦（生卒不详），十五祖义寂（919—987），十六祖义通（927—988）。根据《佛祖统纪》相关小介，其中道邃对天台宗传播日本贡献良多；义寂则在“安史挺乱。会昌焚毁”，大陆地区天台典籍“残编断简传者无凭”的情况下，促成吴越王遣使到海东访求并带回绝大多数天台宗经典，及谥天台诸祖，使得“一家教学，郁而复兴”，为宋代天台宗在南方地区的再度兴盛奠定下基础。

在湛然到义通期间，作为天台宗重要基地之一的天台山，山中各佛寺的宗派有所变化，禅宗等他宗势力似有所增长，而国清寺也有了不同宗派交替主持的迹象。从湛然圆寂于天台山佛陇寺，道邃[①]依湛然于佛陇，广修终于禅林寺[②]，可能都尚以佛陇作为主要传法场所[③]；到物外干符五年（885年）终于国清，元琇依国清外（物外）法师，而清竦“继主国清”，一度成为国清寺主，则此期间，此前在会昌中（841～846年）废于寇火，

① 宋代赞宁《宋高僧传》列“唐天台山国清寺道邃传”，但是传文中未明确道邃与国清寺之关联。

② 参见前述，禅林寺可能就是湛然改佛陇修禅寺而来。

③ 道邃时期的天台山应当还是天台宗的圣地，因为当时日本僧人最澄师承道邃，开创日本天台宗的时候，“澄既泛舸东还。指一山为天台。创一刹为传教。化风盛播。学者日蕃。遂遥尊邃师为始祖。日本传教实起于此。”仍以天台山作为宗门表征之地。见《佛祖统纪》卷八“道邃”条。

到大中五年（851年）又重建的国清寺[①]，可能主要以天台宗门为帜。

令人不解的是，作为清竦弟子之首的义寂，在其生前传法活动中，却似乎并没有与其师主持过的国清寺有太多交集。根据《佛祖统纪》所列，义寂入天台山于清竦门下学法后，一度出山并曾寓居明州育王寺，后虽有回天台山较长时间[②]，所居留的也主要是吴越王所助修的螺溪寺[③]；到北宋天平兴国五年（980年）出山居州治寺东楼[④]，雍熙元年（984年）曾受请到永安县光明寺，似乎也不是圆寂在天台山[⑤]，而是在端拱元年（988年）方迁葬国清寺东南隅。而在淳化三年（992年）钱易所作的《净光大师行业碑》中，说:（义寂）寻有去山意。止者尽台人。皆不能。时广顺中。表明在广顺年间（951～953年），义寂甚至有了离开天台之意，后为天台山居民所挽留。而这些情况，都应与当时天台山的宗派发展形势有所关联。

义寂时期的天台山，比义寂年长的禅宗德韶（891—972），也活跃在天台山一带。德韶不但比义寂年长，且社会地位也比较高，是吴越王所封的国师之一[⑥]，而义寂之所以能得到吴越王的赏识，也得力于德韶的引

① 根据《天台山方外志》卷四“国清寺”条。会昌寇火前后，多见天台僧侣与国清寺有关之记录，则很有可能也是天台僧侣主持重建国清寺，并入主之。该书卷八“高僧考·教”的“国清清观尊者（物外）”曾投国清元璋律师，则斯时国清寺中或有律宗门人；所载同为教门的国清文举法师（759—842）之后的僧侣，少见与国清寺者相关的记录。

② 根据释澄彧《净光大师塔铭》称“居山四十五载”，见四川大学《全宋文》卷一三二。

③ 据《天台山方外志》卷四“清心寺”条称“旧号螺溪院”。螺溪院建造过程可参看钱俨于986年所作的《建传教院碑铭》，收于《全宋文》卷六十，其中比较详实地介绍了张氏舍地、义寂弟子齐公先建寺院部分建筑，义寂于964年率众入住，而后，云居寺德韶看到螺溪寺院过于狭窄，乃请吴越王襄助，得吴越王的儿子等人捐献，于965—967年期间建造多处建筑，使得寺院制度毕备的经过。可见，德韶还对螺溪寺的建设有所贡献，其在天台山势力不可忽视。

④ 此据《佛祖统纪》卷八，与钱易《净光大师行业碑》所言，“丁卯下台。寓开元东楼”有所不同，钱文见四川大学《全宋文》卷二一零。

⑤《净光大师塔铭》有关为大师建塔经过，不如《佛祖统纪》详细，根据后者所记:“门人累小塔。窆于方丈。寿六十九。夏五十……后徒属谋行塔见貌。若生人发长余寸。遂迁葬于国清东南隅。”

⑥《佛祖统纪》卷十“净光旁出世家·吴越钱忠懿王”称：“尊事沙门。若天台韶国师。永明寿禅师。皆待以师礼。”

荐[1]。在《天台山方外志》所载寺院中，多处有“德韶第几道场”之称，总计有十数个之多，这与同书所载的智顗大师十数个道场或宴坐之地的情况很类似；与之相比，义寂在天台山的道场螺溪寺，其建造用地，还是当地居民张氏所舍。此外，该书还记录了德韶是智顗转世的传说[2]：（德韶）游天台山。睹智者大师遗址。有若旧居。师复与智者同姓。时谓智者身后。这就为于天台山的台宗旧有寺院发展禅宗制造了舆论。而实际上，类似的情景也确实地发生，如智顗幽溪道场于天福二年（937年）舍入禅院[3]，而智顗于华顶峰修过头陀行的宴坐之地，在天福元年被德韶建作善兴寺，德韶也圆寂于华顶峰。在德韶与义寂同居天台山时，德韶居住在云居寺[4]，聚众就达五百，而义寂的传法弟子共计为百余人，影响与规模也有一定差距。

在天台山禅宗实力日隆之下，虽然尚未见到当时禅宗入主国清的明确史料，不过当时的国清寺，也开始有了禅宗势力活动的迹象[5]。根据《天台山方外志》卷八所记，有位在大中祥符年间（1008～1016年）示寂的国清本先禅师，“出家国清寺。参韶国师有悟”，或许表明在景德二年（1005年）改名景德国清寺前后，寺院就应该以德韶法脉的禅宗势力为主了。不久后寺院又毁于寇，仅少量文物留存，到了建炎二年（1128年）又得于重新，两年以后的建炎四年被“诏易教为禅”[6]，至此，国清寺彻底成为了禅宗寺院。

不过，天台宗并没有退出天台山，在义寂及其身后的一段时间，许多天台宗僧侣于佛陇、螺溪等寺院中，修行止观法门，维持台宗于此山的影响力，形成宗门中的天台山系，与义寂师弟志因所确立的钱塘系、义寂

---

① 此点，即使是持天台宗视角的志磐，在《佛祖统纪》中也有记录。
② 见《天台山方外志》卷六“圣僧考”条。
③ 见上注书“高明寺”条。
④ 或为方外志所列“慈云寺”，为德韶第二道场。
⑤ 这个时段很有可能是两个宗派交织的时期，比如983年，年轻的慈云遵式曾入国清，于佛像前燃指誓传天台之道，但是984年就离开前往四明了。然而，在慈云遵式988年返回天台山，并没有住国清，而是在佛陇大慈寺。
⑥ 前注所引图书卷四之“国清寺”条中还提到“元时禅教互争”。

弟子义通传法发展的四明系，三系并立，并展开有关正宗的争论[①]。其中，天台山系虽有炉、拂之信物，在传法制度上位居正宗，然而在教学方面欠缺发明日益衰微，其正统地位在新的时代背景下难于得到维系。随即，四明系义通的弟子知礼等人，通过所谓的台宗山家山外之争[②]，于三系中确立了山家正统地位，法智知礼也被志磐等后辈尊为天台宗的十七祖。宋代天台宗的版图格局就此改变，明州成为了北宋台宗的中心，其地位正类似于创教时期的祖庭天台山。

## 二、从传教院到延庆院

明州天台宗的发展肇始于义寂的弟子宝云义通，根据宋代僧人石芝宗晓所编的《宝云振祖集》[③]等记载，义通为高丽人，大约于五代天福年间入华，在天台山跟随义寂学法后，计划从明州归国途中，为地方官民挽留在明州传教，开宝元年（969年）有官员舍宅建寺供义通弘法，是为传教院。此后，义通基本上一直在传教院弘法，直到端拱元年（988年）圆寂，而传教院也成为明州台宗早期的中心。在太平兴国六年（981年），传教院僧侣延德上奏：师授和尚。传天台教僧义通。所住当院。是开宝元年。得福州前转运使顾承徽。经淮海大王申请。入院住持。为国长讲天台教。听徒六十余。众院宇一百来间。统众安居。二时供应。虽莲台登陟。宣扬久赞。次年（982年）得到朝廷赐名宝云禅院[④]：中书门下牒明州。明州奏准。来分析到。传教院见在殿宇房廊一百余间。佛像七十。事主客僧五十八人。开宝元年置建。奏闻事牒奉来。宜赐宝云禅院为额。牒至准来故牒。

在宝云院，义通培养了许多弟子，其中最为著名的是并称为义通二神

①《中国佛教通史·第九卷》第384页。

② 相关研究请参见《中国佛教通史·第九卷》及《中国天台宗通史》等专著。

③ 编撰于嘉泰三年（1203年），收录《卍续藏》第 56 册，编号No.0944。有关义通的记载还可见于四明地方志以及《佛祖统纪》等佛教史料中。

④ 此处两则史料，皆出于《宝云振祖集》。有学者认为太平兴国七年赐额宝云，为教院之开始，不过从官方文书来看，所赐之额为宝云禅院，参见《中国佛教通史·第九卷》第388页。

足的法智知礼以及慈云遵式，在义通圆寂后不久，宝云院就由慈云遵式主持了十二年[①]：值通归寂。（遵式）乃返天台。淳化改元（990年）。师年二十八。众请住宝云。凡十二载。讲四大部经。咸平五年（1002年）。复还东山。而法智知礼在从宝云院出来之后，也在明州地区发展教义、弘扬宗门，并凭借义学造诣，领导四明系确立了在天台宗的正统地位，被后世宗门奉为天台宗第十七祖。

法智知礼[②]（960—1028），四明（今浙江宁波）人氏，七岁时于太平兴国寺出家后，在太平兴国九年（979年）入宝云义通门下，传天台业观。到淳化二年（991年）受请到干符寺[③]，后来：至道元年。（知礼）以所居西偏小院。学徒爰止。盈十莫容。遂徒居城东南隅保恩院。二年。院主显通舍为长讲天台教法十方住持之地。三年。以院宇颓弊。与同学异闻始谋经理。既而丹丘觉圆来任役事。[④]

四年后，法智因为干符寺西院过小，不能容纳过多徒众，因而到迁居郡城东南的保恩院（也称报恩院[⑤]）。到了至道二年（996年）秋七月，保恩院主僧居朗显通，将保恩院舍予知礼作为台宗弘法之地。此后不久，知礼开始与同修们谋划经营整理报恩院事宜。

根据《四名尊者教行录》所作知礼年谱，此后数年间：（大中祥符）二年己酉。（知礼）时年五十岁。建保恩院落成……三年庚戌。是年恭奉圣旨。改保恩额。为延庆院……五年壬子。是年师与异闻师。撰十方传教住持戒誓辞。立石永诫非理妄占。斯文真是寺万代十方住持之本也。知礼和同修们在1009年修建完成了保恩院，而寺名也在1010年奉旨改为延庆院；并且，知礼他们还在1012年写下了《十方住持传天台教观戒誓辞》，

---

①《佛祖统纪》卷十“宝云旁出世家·法师遵式”。

② 与法智知礼相关的史料主要有《释门正统》、《佛祖统纪》以及《四明尊者教行录》等。其中南宋嘉泰二年（1202年）由宗晓编撰的《四明尊者教行录》，收录了有关知礼的年谱、塔铭、行业碑、书信等资料，极有参考价值，尤其是知礼门人则全1032年所编的实录。

③ 干符寺，据《尊者年谱》称“中改承天寺，今为能仁寺。”查《宝庆四明志》卷十一“十方律院六·能仁罗汉院”中，有子院二，一为法华教院，一为罗汉律院。其中法华教院据年谱所述即知礼所居之西偏小院。

④ 见《佛祖统纪》卷八。

⑤《宝庆四明志》卷十一“教院四·延庆寺”：周广顺三年（953年）建，曰报恩院。

立誓将延庆院作为天台弘法寺院。戒誓辞中，知礼列出对延庆院后继者的五点要求：备五者无择迩遐。吾将授以居之。后后之谋咸然。一曰。旧学天台。勿事兼讲。二曰。研精覃思。远于浮伪。三曰。戒德有闻。正己待物。四曰。克远荣誉。不屈吾道。五曰。辞辩兼美。敏于将导。首要一条即不得兼讲其他宗派学说。

就在保恩院完成的1009年，石待问为此撰写了《皇宋明州新修保恩院记》[①]，更为详细地描述了知礼在保恩院的弘法行止，以及筹划及实施寺院修建的过程：此院缔构年深。颓毁日甚。思得能者从而兴之。众议所归。得请为幸。粤以至道三祀。乃与余杭素所同志息心异闻。乘召而至。戮力而居。一之二之岁。姑务经营。供其乏困。三之四之岁。肇兴法会。要结檀那。五之六之岁。亲制疏文。训释精义。加以靡昼靡夜。或讲或忏。是以必葺之事。未暇矢谋。以日系时。方议改作。适值丹丘寿昌隶业苾刍觉圆。亦欲发心愿言陈力。座主乃口传方略。指授规模。谈树提伽。以过去之因。说伊蒲塞。以未来之果。卒使悭贪易虑。结良缘而尽欲居前。喜舍励精。施净财而唯恐在后。一方响应。千里悦随。玉帛珠金。无胫而能至。楩柟杞梓。不召而自来。公输之削墨靡停。匠石之运斤弗辍。如是焉者三载。工乃讫役。

知礼在保恩院的头几年（996～1002年），忙于寺院经营、法会组织以及教义研究，连必要的修葺活动都没有精力谋划；后来考虑改造之时，恰有寿昌（今浙江建德）僧人觉圆参与其中，配合知礼确定了营建方略及寺院规模；知礼还通过佛法宣讲，促请信众热心捐献，顺利筹措了建造资金及木料；而后，经过三年的修造，到1009年，保恩院得于修建完成。

于保恩院弘法期间，从咸平元年（998年）开始到大约景德四年（1007年），在因对天台教学主旨阐发不同而引起的宗门义理论争中，知礼带领后起的四明系力压传统权威钱塘系，取得宗门所谓“山家”的正统地

① 该文亦收录川大《全宋文》卷二七零。由于延庆之名，是在记文完成次年方开始应用，所以记文题名仍为保恩院。石待问作此文一事，可见于《佛祖统纪》，而全文可于《四明尊者教行录》以及明州地方志书中得见。

位[1]，知礼于四明宗门地位也如日中天，如杨亿（974—1020）在《谢法智贺书》[2]等文中，就尊称知礼为“教主大师”，并曰：“此僧（知礼）传持大教。为世导师”，真推崇备至。据《佛祖统纪》记载，知礼门下有：禀法领徒者三十人。尚贤。本如。梵臻。则全。慧才。崇矩。觉琮等。入室四百八十人。升堂千人。手度立诚等七十人。由于知礼到保恩院后，基本就没有再离开过[3]，所以其“讲训聚徒”应该都在延庆院。此外，在寺院建造完成之后，知礼考虑到“此事（建寺）虽遂。且阙蔬园。”将自家所传菜园充作寺院种植之地，并于天圣三年（1025年）上书曾太守，申明此事以免后世争扰，其护持寺院之心可见一斑。

在知礼长达十三年的用心经营之下，延庆院得于建成弘扬天台宗的基地，并且借助知礼的宗教地位等影响，超越了宝云院，成为明州台宗的中心寺院，现存宋元四明地方志书中有见载者，都将延庆寺列于宝云院之前[4]。并且，借重斯时明州系在天台宗门的正统地位，延庆院也具有宗门中心寺院的地位，在佛教史籍《佛祖统纪》所载法智之后的僧侣及佛教事迹中，“延庆”及其代称“南湖”[5]，出现频率也远高过“宝云”等其他寺院，而这也侧面地反映了延庆院在台宗发展中的重要地位。

## 三、延庆殿式

由于延庆寺主要建筑，在南宋初期的建炎年间金兵南侵中，多数毁于兵燹，所以其中具体的建筑式样，已不可能有实物供今人揣摩，而只有“会兹胜概”的石待问，所留记文中的文学性描述，可供推想。石氏在记文中描写到：观其基宇宏邈。土木瓌丽。金碧交映。玉毫增辉。先佛殿而后僧堂。昭其序也。右藏教而左方丈。便于事焉。节棁并施。楹角咸刻。

① 详细论争过程，可参见《中国佛教通史·第九卷》第400页。

② 见川大《全宋文》卷二九三。

③ 据《佛祖统纪》卷十，介绍知礼的同修异闻：“法师异闻。余杭人……师居延庆四十年。凡法智所修三昧未尝不预。”可谓旁证。

④ 根据《四明尊者教行录》记载，绍兴十四年（1143年）改赐寺额，即从延庆院改称延庆寺，本文所谈延庆院事迹，多为北宋时期者，故多用延庆院。

⑤ 由于延庆寺位居宁波城南的月湖附近，月湖又简称南湖，故渐有将延庆寺简称为南湖。

梁螮蝀而双亘。瓦鸳鸯而并飞。复道连甍。洪分蔽日。长廊广庑。窈窕来风。游之者误在于化城。住之者疑居于幻馆。轮奂之盛。莫之与京。而又此邦。异乎他群。列千峰于城上。止在檐前。走一水于郿中。才流槛外。地居形胜。天助幽奇。门开而紫陌相连。路僻而红尘不到。庭除冉冉坐对闲云。苔榭时时卧闻幽鸟。夫如是。亦何必乘杯访道。振锡游方。登涉于耆阇崛山。揭厉于阿耨达水者哉。

延庆院的群体中，前佛殿、后僧堂，右教藏、左方丈，以长廊复道等连接，与目前所见的如"五山十刹图"等图样所见，南宋禅宗名刹核心建筑的格局相近，似乎没有明显的台宗思想体现在群体形制上，连建筑功能也基本相同。不过，在那些普遍多见于类似记文中、基本可用于赞叹多数营建事迹的格式化描述之外，作为明州地方官的石待问特别提到：延庆院建筑单体与当地其他建筑有明显的差异。有意思的是，在嘉庆年间的《保国寺志》之"寺宇·佛殿"论述中，宋祥符六年，德贤尊者建。昂栱星斗，结构甚奇。为四明诸刹之冠。唯延庆殿式与此同。延庆固师之师礼公所建之道场也。自始建以来至今乾隆己丑。凡七百五十有七年。其间修葺，代不乏人。宋元明初，远不可考。提到结构奇特的保国寺大殿，与所谓的"延庆殿式"相同，恰恰形成遥远的呼应。如前所述，知礼所建延庆院建筑，历经南宋初年等历代灾祸[1]以及重建过程，到了乾隆己丑年（1769年），当时的建筑式样当与知礼道场时期大相径庭[2]，故乾隆时期所记此事，更可能是延续以往记录或传说。看来，"延庆殿式"的独特性很早即为古人所注意并记录，并且保国寺大殿重建时曾经受到延庆院大殿的影响。

宁波保国寺祥符大殿[3]，有幸留存至今，是认识南方宋代木构的珍贵实例。经过前辈学者不懈努力与推进，对保国寺大殿的原状有了诸多推

---

① 延庆寺主要灾祸，请参见同书后文有关十六观堂的文章。

② 从元代释昙噩所作有关延庆寺大殿的《重建佛殿记》等记文中，并没有延续原有式样的表述。

③ 请参见后文有关保国寺建造年代的考证。

测[①]，相信这必将有助于对延庆殿式样的探寻。除了式样方面的线索外，本节更为注重的是，为什么法智知礼他们修建的保恩院会出现独特的所谓“延庆殿式”？

如前石氏记文所述，知礼入主之前的保恩院，寺院残破颓败，众人“思得能者从而兴之”，就推举知礼担纲重任。知礼得请之后，召来异闻等人，前期六年先合力共同经营寺院，头两年主要解决寺院生存问题，中间两年以兴办法会扩大信众基础为主，后两年则以研究教义、宣讲止观以及行忏为要。在经过前期积累及准备后，寺院修葺营建也提上日程，来自浙江南部、当熟悉营建事务的僧侣觉圆又适时参与，成为将知礼相关谋划、方略等具体化的实施人[②]。

保恩院修建的三位主要参与人，知礼为四明人、异闻为余杭人、觉圆为寿昌人，都为江南人氏，而且作为寺院主导的民间捐助工程，所用工匠的分布地域不太可能过于远离江南，所以营建体系宏观上当是以南方地区建筑为主。而略为微观一些，根据学者所作建筑样式上的甄别，发现在宋元时期，浙江东部与临安地区，与江苏南部的苏南地区，存在着具体做法上的差异[③]，很可能浙江西部也会有地域性的独特样式。具体到保恩院营建中，主持将知礼设想具体化的觉圆，正是来自今属浙江西部的寿昌，而宁波则位居今浙江东部，那么记文中所提到的与明州其他建筑不一样者，是否就是浙西地方做法在明州的与众不同？

另外，宋代天台宗发展特点之一，是宗门学者多热衷于忏法，将忏法作为理论研讨及修行实践的重要环节，而知礼虽以宗门著名学僧而闻名，同样也对忏法给予了极大关注。在保恩院期间，知礼著述了多篇专门论述忏法的文章，并且在保恩院修建后，举行了多场修忏实践，其中不乏倾动朝野、轰动僧俗者[④]。我们知道，修建保恩院是较为长期（996～1006年）

---

① 保国寺大殿建筑复原请参见郭黛姮的《东来第一山保国寺》（文物出版社，北京，2003年）以及东南大学的《宁波保国寺大殿（待刊稿）》等研究。

② 根据文义来看，觉圆应该在营建过程中起着重要作用，方能与知礼、异闻同列记文中。

③ 张十庆，《中国江南禅宗寺院建筑》，湖北教育出版社，2002年，第145页。

④《中国天台宗通史》第504页。

的谋划准备，而且知礼前后在保恩院居留将近三十二年（996~1028年），那么知礼有关忏法的思考，很可能也融汇到了他对保恩院的“口传方略。指授规模”之中。知礼在天禧五年（1021年）作《修忏要旨》，向朝廷官员介绍修忏，其文中有：行者初入道场。当具足十法。一者严净道场。二者清净身器。三者三业供养。四者奉请三宝。五者赞叹三宝。六者礼佛。七者忏悔。八者行道旋绕。九者诵法华经。十者思惟一实境界。其中要求道场严净、行道绕旋等，都可能涉及具体建筑的布局或形态等。在《佛祖统纪》卷十四，有关明智中立（1046—1114）法师的简介中提到：岁忏者行江浙。延庆为最盛。（明智）择其徒修法华忏者。相信与知礼时代在延庆院发展忏法颇有关联。

要之，历经多年的筹备及谋划，在宋代天台宗于止观修行及忏法实践两方面的发展潮流下，仰仗知礼在四明台宗直至整个宗门的教主地位，保恩院营建没有照搬宝云院的建筑模式，而是在知礼亲自指导授意、由来自浙江其他地区的僧侣觉圆实践下，完成了与明州其他寺院有所不同的“延庆殿式”建筑。而借重知礼的宗教地位以及法脉流播，延庆殿式还影响到了其他台宗寺院的建设。

## 四、德贤重建保国寺[①]

浙江宁波保国寺大殿，系江南木结构瑰宝。目前其建造年代的确定，主要是以清末嘉庆年间编撰的《保国寺志》所载为依据，再结合木材料测年等科技考古方法所得。而建筑年代判别的重要依据，如木结构本体的墨书题记等，目前未有实体证物存世，而如嘉庆寺志等诸多文献，因年代久远而多有互相错讹之处，影响其可信度，是故，保国寺大殿的建筑年代似仍有继续追索之必要。本节将以目前所得文献为基础，围绕大殿建设的关键历史人物——德贤尊者，对与保国寺大殿建设相关的资料略作梳理，以为引玉之砖也。

① 此节为2011年东南大学建筑研究所主持的保国寺研究项目的部分工作，将收录于《宁波保国寺大殿（待刊稿）》中出版。

1．德贤尊者

德贤尊者，于嘉庆《保国寺志》卷下“先觉”有列“宋山门鼻祖三学德贤尊者”，记载如下：尊者名则全。号德贤。又号叔平。保国中兴之祖也。本施姓。出家保国寺。寻造法智大师门下。习学教观。时南湖十大弟子。群推师为冠。师又旁通书史。善著述。性直气刚。敢言人失。人以是畏之。住三学堂三年。郡守郎简尤加敬礼。尝语人曰，叔平风节凛然。若以儒冠职谏。诤岂下汉汲黯、唐魏征、我朝王元之耶。祥符辛亥，复过灵山，见寺已毁，抚手长叹，结茅不忍去。居凡六年，山门大殿，悉鼎新焉。至庆历五年夏，别众坐亡。

保国寺的这位德贤尊者，名则全，号叔平，出家保国寺，继而成为法智大师的弟子，修习天台宗教观，是门下十大弟子之首。德贤尊者性情刚正，敢言人失，有时会让人畏惧。郡守郎简甚是赞赏他，认为德贤若是儒林中人并担当谏官，诤诤必可比汉汲黯、唐魏征及宋朝王元之。

（1）相关文献记载

据南宋嘉熙（1237～1240年）初，释宗鉴《释门正统》第六，有“中兴第一世八传”，列“则全”记载如下：字叔平，四明施氏。十岁师保国光相塔院，行缘进具。造法智轮下，未几悉了其义，居十大弟子之冠。述《四明实行录》，犹蔡邕作郭有道碑也。有置气，善品藻，遇事不合于心，即指言其失，众虑以为不可，师自谓：无欺不变也。住三学前后。郡守爱重之，给事郎公尤最识者，谓师材如许，傥以儒冠簉缙绅间，职谏诤之司，补究职之阙，风采凛然，岂下汉汲黯、唐曲江公、我王黄州耶。惜乎远处海裔，久屈不伸。杨公适[①]闻乡间之誉，特加敬礼，铭其塔曰：凡晨会而夕散，夕承而晨止者。余三十年推援经史，校磨隽杰，辨其可否，一得一失章章然，行事之为世法者。悉中其评议，无毫发谬，诚知非常人也。庆历五年闰五月，终于三学。弟子若水立碣延庆净土院。

随后，南宋咸淳五年（1269年），志磐所撰《佛祖统纪》中，卷十一

① 杨适，见《四明文献考》，载《北京图书馆古籍珍本丛刊·第028册》第694页。杨氏为著名隐士，其主要事迹年代为嘉祐（1056～1064年）前后。

有“则全”之记载，基本以《释门正统》所载为本，略作调整：法师则全。字叔平。四明施氏。依报国出家。即造法智学教观。时南湖竞推十大弟子。师为之冠焉。旁通书史尤善著述。性直气刚敢言人失。人以是畏之。住三学三十年。郡守郎简尤加敬。尝谓人曰：叔平才气凛然。若以儒冠职谏诤。岂下汉汲黯唐魏征我朝王元之耶。庆历五年夏。别众坐亡。弟子若水。立碣于延庆。师所述四明实录。人谓。蔡邕作郭有道碑也（后汉郭林宗。举有道。不应既卒。蔡邕为碑文谓卢植曰。吾为碑多矣。皆有惭德。唯郭有道。无愧色耳）。述曰：广智、赵清献为撰碑。三学亡，弟子水师为立碣。此二文。必大有可记者。今二石既无存。于是二师行业不可知。后人立传袛彷彿耳。吁可惜也。

成化年间《宁波郡志》之八卷，有“人物考·名僧”中，收录有“则全”：则全，姓施氏，主延庆寺，尊为圆觉大师，念佛坐逝。

嘉靖《宁波府志》卷四十二，“志传十八·仙释”有“则全”条：则全，字叔平，姓施氏，落发于邑之保国寺。南湖竟推十六大弟子，则全首冠焉。旁通书史，尤善著述。性直气刚，敢言人失，人以是重之。住三学三十年。郡守郎简尤礼之，尝谓人曰：叔平才气凛凛然，若儒冠使职谏，诤岂下汉汲黯、唐魏征、我朝王元之邪？庆历五年夏，别众坐亡，世号三学法师。

天启《慈溪县志》卷十一，“仙释”有“则全”条，与嘉靖《宁波府志》所见者全同：则全，字叔平，姓施氏。落发于邑之保国寺。南湖竟推十大弟子，则全首冠焉。旁通书史，尤善著述。性直气刚，敢言人失，人以是重之。住三学三十年。郡守郎简尤加礼敬，尝谓人曰：叔平才气凛凛然，若儒冠使职谏，诤岂下汉汲黯、唐魏征、我朝王元之耶？庆历五年夏，别众坐亡。世号三学法师。

雍正《慈溪县志》卷十二“仙释”，有“则全”条：则全，祝发于保国寺，庆历五年别众端逝。西湖尝推十大弟子，而则全居首。住三学三十年，号三学法师。

除直接记述则全的事迹者外，与之相关人物的记载中，也有部分则全的线索，如与则全之师的法智大师，有嘉泰二年（1202年）宗晓着录之《四明尊者教行录》多卷本，记载了法智大师的生平事迹等。其中可见与则全相关记录：如收录的胡昉“明州延庆寺传天台教观故法智大师塔铭（并序）”[①]中，提及大师弟子们时：……其间睹奥特深。领徒继盛者。若当州开元寺则全、越州圆智寺觉琮、台州东掖山本如、衢州浮石院崇矩、见嗣住大师之院尚贤等……

另外同书中，赵抃所撰“宋故明州延庆寺法智大师行业碑”[②]亦说：授其教而唱道于时者。三十余席。如则全、觉琮、本如、崇矩、尚贤、仁岳、慧才、梵臻之徒。皆为时之闻人。

而《四明尊者教行录》收录有“四明法智尊者实录”[③]，作者落款即是“开元三学院门人”则全。

且以上述诸文献所列线索，将则全的名、字、号及履历等相关线索，简表示出如下：

则全的名、字、号及履历简表　　表2-1

| 文献 | 北宋所作文章 | 南宋嘉熙初 | 南宋咸淳 | 明成化年间 | 明嘉靖 | 明天启 | 清雍正 | 清嘉庆 | 备注 |
|---|---|---|---|---|---|---|---|---|---|
| 项目 | 四明尊者教行录 | 释门正统 | 佛祖统纪 | 宁波郡志 | 宁波府志 | 慈溪县志 | 慈溪县志 | 保国寺志 | |
| 名 | 则全 | 则全 | 则全 | 则全 | 则全 | 则全 | 则全 | 则全 | |
| 字 | | 叔平 | 叔平 | | 叔平 | 叔平 | | | |
| 又号 | | | | | | | | 叔平 | |
| 尊号 | | | | 圆觉大师 | 三学法师 | 三学法师 | 三学法师 | 德贤尊者 | |

① 文中提到“明道二年（1033年）七月二十有九日。奉灵骨葬于崇法院之左。”成文时间当在明道二年之后。此文作时，则全尚在世。
② 文中提及元丰三年（1080年）被请作此行状。
③ 实录作于“时明道季秋十八日”，作者款为“门人（则全）谨录”。

续表

| 项目 \ 文献 | 北宋所作文章 | 南宋嘉熙初 | 南宋咸淳 | 明成化年间 | 明嘉靖 | 明天启 | 清雍正 | 清嘉庆 | 备注 |
| --- | --- | --- | --- | --- | --- | --- | --- | --- | --- |
| | 四明尊者教行录 | 释门正统 | 佛祖统纪 | 宁波郡志 | 宁波府志 | 慈溪县志 | 慈溪县志 | 保国寺志 | |
| 自称 | 开元寺三学院门人 | | | | | | | | 明道年间 |
| 俗姓 | | 施氏 | 施氏 | 施氏 | 施氏 | 施氏 | | 施氏 | |
| 出家地 | | 保国寺 | 报国 | | 保国寺 | 保国寺 | 保国寺 | 保国寺 | |
| 师承 | 法智 | 后造法智门下 | 即造法智学教观 | | | | | 寻造法智大师门下 | |
| 誉称 | | 十大弟子之冠 | 南湖十大弟子之冠 | | 南湖十六大弟子之冠 | 南湖十大弟子之冠 | 西湖十大弟子居首 | 南湖十大弟子之冠 | 西湖及十六大弟子当皆误 |
| 著述 | 《四明法智尊者实录》 | 《四明实行录》 | 《四明实录》 | | | | | | |
| 品行 | | 直言人失 | 性直气刚敢言人失 | | 性直气刚敢言人失 | 性直气刚敢言人失 | | 性直气刚敢言人失 | |
| “三学”履历 | 当州开元寺 | 住三学 | 住三学三年；三学亡 | 主延庆寺 | 住三学三十年 | 住三学三十年 | 住三学三十年 | 住三学堂三年 | 三学考证见后 |

续表

| 项目＼文献 | 北宋所作文章 | 南宋嘉熙初 | 南宋咸淳 | 明成化年间 | 明嘉靖 | 明天启 | 清雍正 | 清嘉庆 | 备注 |
|---|---|---|---|---|---|---|---|---|---|
| | 四明尊者教行录 | 释门正统 | 佛祖统纪 | 宁波郡志 | 宁波府志 | 慈溪县志 | 慈溪县志 | 保国寺志 | |
| 圆寂时间 | | 庆历五年 | 庆历五年 | | 庆历五年 | 庆历五年 | 庆历五年 | | |
| 圆寂地点 | | 终于三学 | | | | | | | |
| 时评、赞誉 | | 郡守爱重之，比及古诤臣 | 人畏之；郡守加敬 | | 人以是重之，比及古代诤臣 | 人以是重之，比及古代诤臣 | | 人以是畏之，郡守尤加敬礼 | |
| 身后 | | 弟子若水立碣延庆净土院 | 弟子若水立碣于延庆 | | | | | | |

从上表可见，八处文献中，皆提到则全，可见则全当为斯时多使用者，字叔平，俗姓施，亦当无疑。师承者，明清文献未载，不过从十大弟子之称，当亦指法智大师门下十大弟子也，而《四明法智尊者实录》中，明确将则全列为八位有名号的弟子之首位，自《释门正统》始称“十大弟子之冠”，并一直未后来文献沿用，传抄过程有讹作十六弟子者。至于南湖，则源于法智大师修佛道场延庆寺，《四明尊者教行录》及《佛祖统纪》中，即有多处以“南湖”指代延庆寺者，另据《延佑四明志》卷十六“教化十方·延庆寺”条，有“（嘉定十三年）寺炽像灭，丞相史鲁公重建，扁曰‘南湖福地’”的记载。

有关则全的品行，诸文献比较同一地指向“敢言人失”的性直气刚，时有郡守郎简，更是以汉唐及当时的诤臣类比之，似可想见则全的凛然。

《释门正统》更是记录了则全的自辩："有置气，善品藻，遇事不合于心，即指言其失，众虑以为不可，（则全）师自谓：无欺不变也。"

成化《宁波郡志》与其他文献相差最多，其所谓则全主延庆寺，因延庆寺法智后的住持系谱清晰，未有则全，此或乃因其居众徒之首而想当然之顺手写来；而其中的圆觉赐号，或是与《佛祖统纪》卷十四所记载的"法师蕴慈，四明慈溪人，赐号圆觉。时门下十高弟，师为说法第一，初居西湖菩提，迁会稽圆通。崇宁初，能仁虚席，以师为请。"因则全与其活动年代相近，又同为四明慈溪人及十大弟子之第一，故张冠李戴亦未可知。而嘉庆《保国寺志》所见尊号之"德贤尊者①"，前此者有明弘治年间《云堂记》及寺存的雍正十年《培本事实碑》，亦见称"德贤尊者"，此外未见诸更早文献，且雍正碑已提到德贤尊者不可考矣。

有关则全秉性及时评记载，各文献相差无几，"性直气刚敢言人失"，且多数引用了郡守比及古代净臣的评鉴；同样，则全的圆寂时间，凡有提及之文献，皆作"庆历五年"，概当无疑。

（2）三学

三学，常解为"戒、定、慧"，意学佛者必须修持之三种学业，以此解前列诸文献中的"三学"，意为褒扬则全佛学造诣高深，似无不可。不过，如《释门正统》的"住三学"、"终于三学"中，"三学"或解为某处场所方通，结合《四明尊者教行录》中所见，"开元三学院门人"落款，以及"当州开元寺则全"的记载，故有关则全的资料中所谓"三学"者，更可能即开元寺三学院的简称。

宝庆《四明志》卷第十一，其"寺院·十方律院六"有"开元寺"，提到"……皇朝太平兴国中，重饬旧殿□，曰五台观音院……寺又有子院六：曰经院、曰白莲院、曰法华院、曰戒坛院、曰三学院、曰摩诃院……"不过嘉定十三年（1210年）火，废为民居，惟五台、戒坛重建，而三学院等则湮灭矣。延佑《四明志》卷十六"五台开元寺"，明代《敬

①《佛祖统纪》卷十一，有"法师德贤。临安人。赐号圆应。"系天竺遵式的法嗣第四世，按辈分当为则全的曾孙辈。

止录》卷二十六之“五台寺”，亦有类同之记载。

《释门正统》与《佛祖统纪》所载则全事迹，可互作补充，二者皆尚未提“三学法师”之号，嘉靖《宁波府志》始用是称。《释门正统》的“终于三学”与《佛祖统纪》的“三学亡”可印证则全圆寂于三学院。此外，《佛祖统纪》所言“住三学三十年”比《释门正统》“住三学前后”文意完整，而且，若以有则全自称的文献写作时间明道间（1032~1033年）始，直到庆历五年（1045年），如《释门正统》所载圆寂于三学为止，其在三学院生活至少有十数年。晚此的文献，虽已不完全了解三学之意，却仍延续录下“住三学三十年”，如嘉靖《宁波府志》等所见，而嘉庆《保国寺志》之三学堂，亦当为误传也。

（3）立碣延庆寺

庆历五年则全圆寂后，有两段文献值得注意，其一为嘉庆《保国寺志》卷上“寺宇·古迹”载“云堂，宋仁宗庆历年间，僧若冰建祖堂，奉祀保国寺祖先……”此建设时间当与则全圆寂有关，建筑年代当为庆历五年之后，而若水、若冰可能皆为则全门人；其二即是《释门正统》及《佛祖统纪》所载的弟子若水[1]设碣于延庆寺事。

从则全立碣延庆寺来看，亦旁证则全可能未主持过延庆寺。延庆寺从法智传广智尚贤，嗣后为神智鉴文、明智中立、圆照梵光等，住持圆寂后，如法智、明智、圆照皆立塔于崇法院。崇法院，即宝庆《四明志》卷十一“寺院·甲乙律院三十六”中之“崇法院”：“县南五十里，旧号焚化院，皇朝干德五年建，大中祥符三年赐今额……”明代《敬止录》卷三十“崇法教寺”明确提到“……属延庆寺，旧名焚化院……”当为延庆寺用于置塔的属寺。

此外，立碣一事，或另有深意。天台宗教义深邃，僧侣之间多见论辩之举[2]，《释门正统》卷第六所谓“天台教门异论尤多。师资相戾。喧动江浙”也，如法智行业碑中提到法智与他处僧人“往复辨析，虽数而不屈”，而其与弟子仁岳的论战，亦为延佑《四明志》所载。而则全师性直气刚，

---

① 若水，参见《佛祖统纪》卷第十三载“法师若水，三衢人，久依三学，号为有成，欲事广询乃易名若水。外现未学处处游历，初住天柱崇福，讲演不倦，课密语有神功。祖忌将临，戒庖人备芽笋，庖以非时，日暮噀盂水于后圃，夜闻爆烈声，明旦视之，笋戢戢布地矣。民人以疾告，咒水饮之，愈者莫纪其数。”

② 潘桂明、吴忠伟，《中国天台宗通史》第425页，凤凰出版社，2008年。

其诤臣气质甚至引众人忧虑而“以为不可”，可以想见，则全在佛法论争或是“遇事不合于心”时，其凛然敢言，当使人重之，乃至畏之也。则全以“十大弟子之冠”，未能继法智入主延庆寺，或许与此个性有关。在当时延庆寺住持一席更替中，多见有皇家及郡守等世俗势力之介入，此般形势下，性格温和、处事灵活者，如则全同辈中“历事既久遂居高第”的广智，则全后辈中更换师门的明智，当更易脱颖而出。未能成为延庆寺住持的则全，也没有留在延庆寺，善于著述的他，为法智大师录下《四明尊者实行录》，此文后收录于《四明尊者教行录》中，成文时为明道年间，篇中则全自署“开元寺三学院门人”[①]。不过，毕竟是法智“十大弟子之冠”，且于延庆寺修行过，立碣或有归宗之意。

（4）保国寺则全与琴僧则全

明代钞本《琴苑要录》中，收录有《则全和尚节奏指法》一书，据琴学界学者研究，或与保国寺则全同为一人，即保国寺则全为北宋“琴僧系统”中之一员，其谱系为夷中传义海、知白，义海传则全[②]。此外复有研究，以法智大师的师弟慈云遵式字知白故，认为则全的师叔正是琴僧知白；且从文献中“发现”则全是琴僧照旷道人的师父，并以此推断：保国寺则全与《则全和尚节奏指法》的作者，可能是同一个僧人。

不过，据《佛祖统纪》卷十载，则全的师叔知白（963—1032），“……年二十（太宗太平七年癸未）往禅林受具戒。明年习律学于守初师。继入国清。普贤像前烬一指。誓传天台之道……”此后修行中还“……于行道四隅置鏊炽炭，遇困倦则渍手于鏊，十指唯存其三……”琴僧自当惜手如命，燃指、残指似有违常理，或者琴僧知白与慈云遵式非一人也，从活动年代上看亦有所出入。琴僧知白与义海同为夷中门下，知白琴艺曾受欧阳修（1007—1073）及梅尧臣（1002—1060）诗文吟咏[③]，故其大致年代当为1000～1080年左右，比则全师叔要晚近五十年。据《梦溪笔

①《四明尊者教行录》中的《明州延庆寺传天台教观故法智大师塔铭》“领徒继盛者，若当州开元寺则全、越州圆智寺觉琮、台州东掖山本如、衢州浮石院崇矩、见嗣住大师之院尚贤等”。其中的当州或有当地之意，即指明州开元寺。
② 参见《中国古代琴僧及其琴学贡献》第六十七页，中央艺术研究院2007年博士论文。
③ 参见上注，第23页。

谈·补笔谈》所载，太平兴国中（976~984年），朱文济（推测940—1020左右）鼓琴天下第一，后传夷中（推测970—1050左右），夷中传义海（推测1000—1080左右），活动年代亦与同门琴僧知白相差无几，而保国寺则全圆寂于庆历五年（1045年），其生年极可能早于此二位琴僧，此与“琴僧系统”中则全为义海传人的次序有所不合。同样的，照旷道人[①]，这位被传为琴僧则全的弟子[②]，于宣和年间（1119~1125年）仍出入于贵族门庭，以照旷十岁时入保国寺则全门下，假设学艺五年后师父圆寂，则其当生于1030年，到宣和年间至少已有九十几岁了，并得一古琴修治之，可能性有些小。而且，如果查阅宋人张邦基《墨庄漫录》[③]卷四，其原文为“……学琴于僧则完全仲，遂造精妙……”并不是则全。

要之，保国寺则全的师叔知白燃指供佛，可能仅是与琴僧知白称谓相同，同样，从生活时代推算，保国寺则全当与琴僧则全可能并非同一人。而前此所谓则全与照旷的师徒关系，却仅仅是文献的误读罢了。

2. 台宗法脉的延庆寺与保国寺

四明为宋代天台宗重镇，尤以法智知礼地位尊崇，被尊为天台宗第十七祖，其法脉于四明一地影响甚广，保国寺即是一例。借助嘉庆《保国寺志》等文献，颇有资料表明延庆寺与保国寺之间的关联。

首先，是僧侣往来。在嘉庆《保国寺志》卷下“先觉”中，明以前录有五位僧侣，除唐代可恭尊者外，皆与延庆寺相关。“宋法智大师四明尊者”，所列事迹却未见与保国寺直接相关者，而是以德贤尊者之师而录之，法智大师创建了延庆寺道场，并住延庆四十余年[④]；“宋三门鼻祖三学德贤尊者”，即则全和尚，出家保国寺，后入法智门下，并被推为十大弟子之冠；

① 如《中国名物辞典》卷下，《乐舞类·弦乐器部·琴瑟》的“霜庸琴”条目所见。
② 林晨 编着《古琴》第88页。
③ 江苏广陵古籍刻印社出版，《笔记小说大观·第六册》，1984年。
④ 参见《四明尊者教行录》“四明图经纪延庆寺迹”，其中谈到“礼（法智）先住承天。至道中移。住延庆。四十余年”。

“赐紫衣澄照大师”，其事迹亦见载于《释门正统》及《佛祖统纪》中[①]，亦保国寺出家，后入延庆寺明智中立师门下，以后更是“迁主延庆寺，大弘宗教”；“公达大师”[②]，亦曾入“延庆圆照[③]讲帏”，后又“返受业院即保国寺”。

其次，建筑营建之趋同。据嘉庆《保国寺志》卷上“寺宇·佛殿”所载，“……（佛殿）昂栱星斗。结构甚奇。惟延庆殿式与此同……”据宋代石待问所作《皇宋明州新修保恩院记》[④]记载，法智修建的报恩院“莫之与京，而又此邦异乎他群”，具有某种独特性[⑤]。到了南宋绍兴年

---

①《释门正统》卷第七载：“觉先，锡号澄照。慈溪陈氏。生九月丧父母。王抚之曰。儿骨相奇伟。当出家。七岁师精进子南受经。一读成诵。进具。学教于明智。次南屏清辨。次天竺慈辨。记莂重重。靖康初主宝林。日讲大部。学徒满座。众以春旱请讲光明。一会才毕。降三日之霖。百里欢传神异。竖金光明幢。请僧诵万部为一邑领。次主延庆。大弘祖席。绍兴八年。以病投老宝林。于方丈后筑一小室号玅莲堂。安住其中。课经要期万部。又诵弥陀四十七藏。十五年岁抄集众。说传法心要。明年正月十六坐逝。寿七十八。腊五十。塔于寝侧。博士廉布铭。后有静夜闻塔中诵经者。启龛见灵骨栓索不萎。色如青铜……”类似地《佛祖统纪》卷十五载：“法师觉先。四明之慈溪陈氏。号澄照。七岁受经一读成诵。初禀教于明智。既得其传。复请益于慈辩清辩。所诣益深。靖康初主奉化之宝林。会奉旱邑请讲金光明。终卷而雨三日。因勉邑人建光明幢。诵经万部为邑境之护。迁主延庆大弘宗教。久之复归宝林。筑室曰妙莲。复诵满万部。持净土佛号。四十八藏。摘经疏名言以资观行。目曰心要。绍兴十六年正月十四日。说法安坐而逝。塔于寝室之侧。他日有夜闻诵经声。迹所自出塔中。后月堂居南湖。谓师于延庆有传持之功。而塔在草莽。乃令迁之祖茔。及开土见栓索不朽。骨若青铜……”嘉庆《保国寺志》卷下“先觉·赐紫衣澄照大师”所载事迹，可能综合了上述两段文献，而其中的“明智立”当为“明智中立”矣，继神智鉴文后主持延庆寺，为天台名僧，非嘉庆寺志所谓未详也。

② 天启《慈溪县志》“仙释”中的“仲乡”：“邑之胡氏子，丱岁礼保国寺道从为师，受具足戒，教观克勤，后入延庆寺，行法华三昧，刺血书法华经四部，然二指以报国恩，绍兴六年十月，整衣端坐，奄然息绝，道俗追慕，以香泥庄严真体奉之。”嘉庆寺志“公达大师”当参看过此条，但其保国寺师作道存。另，嘉庆寺志中“澄照”与天启《慈溪县志》“仙释”中“觉先”相比，更为丰富。天启《慈溪县志》中，“仲乡”列在“觉先”前，嘉庆寺志则相反。

③ 乾道《四明图经》卷十一，何泾《延庆院圆照法师塔铭》。圆照梵光（1064—1143），政和四年（1114年）受太守吕淙所请，入主延庆寺。

④ 该文见载于多处，如《四明尊者教行录》。

⑤ 四明一地的天台宗，仙释宝云义通，其后传知礼、遵式等。宝云寺系漕运使顾承徽舍宅而成。据《四明尊者教行录》后附的宝云义通事迹，义通似乎未见重大营建活动，其主要贡献当在义理方面的探索及培养知礼、遵式等门人。若天台宗有其建筑空间的独特性需求，当在义理渐成型之时，加上知礼改造及建设保恩院历时近十年，当有可能结合教派对建筑空间作结合天台仪轨的修整。

间，据乾道《四明图经》卷十收录的宋人陈瓘作《延庆寺净土院记》[①]记载，延庆寺僧人介然，会同“其同行比丘慧观、仲章、宗悦”，历时七年，发愿募捐构建宝阁及十六间禅观之所，并于元符三年（1100年）三月功成于延庆寺。而在保国寺，依据嘉庆寺志卷上“古迹·十六观堂”及卷下“先觉·公达大师”记载[②]，绍兴年间（1131~1150年），保国寺曾营建了十六观堂、莲池等。延庆寺在前，保国寺在后的此两次营建中，十六间室、环绕建筑设水池、池中莲花等要素，都是构成项目。此有三点值得注意：（1）保国寺僧仲卿入延庆寺圆照门下，为政和四年（1114年）后，斯时延庆寺内，供奉弥陀佛的宝阁及十六间禅观之所，业已完工，并存续至建炎初（1127年）烬于金兵[③]为止，故宗卿有可能参与二构“修盖”之事；（2）延庆寺协助介然构思修建者，为仲章、宗悦，而保国寺营建住事为仲卿、宗浩二僧，两组之辈分次序相类；（3）延庆寺建造活动，或天台宗中与净土信仰的结合，在营建活动中的体现，而此潮流亦体现于保国寺，只是后者实施时间略为后移。从祥符间的佛殿同延庆殿式，到绍兴间的净土观室前后相仿，延庆寺营建活动，对保国寺之营建的影响，当不可不察。

第三，前述可知，则全于庆历五年圆寂后，弟子若冰设祖堂于保国寺，弟子若水立碣于延庆寺。则全，不仅是作为延庆寺法智之徒的南湖弟子，同时也是保国寺的中兴之祖，其为延庆寺关联起保国寺的重要环节。

要之，宗派相同、师承相传、仪轨相似，且僧侣往来频繁，当为建筑式样相近以及营建活动趋同之基础。

---

① 作于大观元年（1107年）八月，该文亦收录于《佛祖统纪》卷三十五，只是改题《南湖净土院记》。《延庆寺净土院记》中有“……构屋六十余间。中建宝阁。立丈六弥陀之身。夹以观音势至。环为十有六室。室各两间。外列三圣之像。内为禅观之所。殿临池水。水生莲花。不离尘染之中。豁开世外之境……”

② 嘉庆《保国寺志》卷上“古迹·十六观堂”中，“十六观堂，在法堂西，宋绍兴间，僧仲卿、宗浩同建。”嘉庆寺志卷下“先觉·公达大师”载，“……复入延庆圆照讲帷……复率有力者，修盖弥陀阁、十六观堂。乃还受业院即保国寺，化导众缘，重建法堂五间，复与法侄宗浩，于院之西，叠石崇基，立净土观堂，凿池种莲……”从位置及建造时间看，十六观堂当即净土观堂。

③ 成化《宁波郡志》卷九《寺观考·鄞县·寺》之“延庆讲寺”条，收录有元代所作《重建佛殿记》，为延庆寺中央部分建筑，而十六观堂则留存下来，请参见本书下篇。

### 3. 德贤行迹与大殿建筑年代

法智大师（960—1028）徒弟中，有则全、觉琮、本如、崇矩、尚贤、梵臻、仁岳、慧才等，知生卒年者有：本如（982—1051）、惠才（997—1083），则全圆寂于庆历五年（1045年），按照比知礼小约20岁推算及比本如略大，则全生年可能为太平兴国年间。则全圆寂于开元寺三学院，且住三学院有三十年，约为1015～1045年，故明道间（1032～1033年）自称“开元三学院门人”。此前则有大中祥符辛亥（1011年）过灵山，见寺宇已毁，重建保国寺的中兴壮举。

据嘉庆《保国寺志》卷上“寺宇”部分的保国寺及佛殿条目所载①，则全于大中祥符四年来保国寺主寺事，同时开始保国寺山门及佛殿的重建。前此，则全追随法智大师在延庆寺修行，而延庆寺（时称报恩院）从至道三年（997年）开始，经营、创法会、制疏文，到建设寺院（用时三年），于大中祥符二年建筑告成，完成天台宗仪軌建设及相关建筑配置，并于祥符三年改称延庆院。此段持续十数年的营建事务，是法智、异闻等领导下之盛举，而则全作为弟子自当投身其中。有理由相信，则全重建保国寺时，延续了延庆寺建设中积累的相关经验，甚至是建设队伍，如此，时间之衔接此起彼伏，并有了嘉庆寺志所谓“殿式相同”之记载。

值得注意的是，卷上“寺宇·佛殿”中，甚至有“自始建以来，至今乾隆己丑（乾隆三十四年，1769年），凡七百五十有七年”的精确计算，以此反推，正是大中祥符六年。嘉庆寺志住持编修者，为元览斋十五世敏庵，而十四世理斋寂于乾隆甲午年（1774年）以后，敏庵方为住持，故此段文字当非嘉庆寺志编修者所撰，更可能是建筑上之纪年文字，或是其他文献所载。从嘉庆寺志“寺宇”部分所见，文字涉及主事者、募集人、地方长官等信息看，很可能是建筑本体上之纪年文字。其中提及邑令林公济，在雍正《慈溪县志》卷三“秩官表”中有载，记为宋天圣四年（1026

① 据嘉庆《保国寺志》卷上“寺宇·保国寺”载：“宋真宗大中祥符四年辛亥，德贤尊者来主寺事。弟德诚与徒众：募乡长郑景嵩、徐仁旺、吕遵等，鸠工庀材，山门大殿。悉鼎新之。时邑令林公济、县尉杨公文敏，亦与有力焉。”同书“寺宇·佛殿”载：“宋祥符六年，德贤尊者建。昂栱星斗，结构甚奇。为四明诸刹之冠。唯延庆殿式与此同，延庆，固师之师礼公所建之道场也。自始建以来至今乾隆己丑。凡七百五十有七年。其间修葺，代不乏人。”

年）慈溪地方官员，与保国寺建筑年代颇为接近。

4. 保国寺营建小结

依据明代《云堂记》以及雍正《培本事实碑》的载录，德贤尊者与保国寺大殿的建设存有明确的关联，嘉庆《保国寺志》中更详解了德贤尊者的生平以及佛殿建设的年代。以上述线索为引导，北宋中期有僧人则全与保国寺有关德贤的记载，正可吻合。嘉庆《保国寺志》作为保国寺历史之主要文献，因与佛殿建筑年代[①]已相距较远，难免有错讹发生，故围绕该文献，需作多方向之比较释读，以校验文献间的真实性，为佛殿建设年代的判断提供文献方面的参照系。除了传抄讹误以外，嘉庆《保国寺志》的相关记载，似乎尚可与其他文献所反映的信息相互印证及契合，其有关佛殿建于大中祥符年间的记载，于德贤尊者——则全和尚的年谱中，颇为合理，且与延庆院大殿建筑年代相互衔接，具有一定可信度。在建筑本体题字等年代学资料问世，抑或更明确的文献记载发现之前，以祥符年间作为现今佛殿的建成年代，堪称可行。

## 第三节 慈云营建光明忏殿

当法智知礼在为恢复天台教观、捍卫台宗圆旨而斗争的同时，另一位大师则在努力创建本宗的修行实践法门，并将之推行到信众中去，他就是知礼的师弟慈云遵式[②]。遵式虽没有列为师祖，但他及其法系，也是宋代天台宗发展历程中不可忽视的力量。

### 一、忏主慈云遵式

慈云遵式（963—1032），俗姓叶，天台宁海人，少年稍长时即在东山出家，二十岁时往禅林受具戒[③]。曾在国清燃一指誓传天台之道，后于雍熙元

① 保国寺建筑材料的测年考古，以及建筑样式、技术做法等研究，亦可框定大致的建筑年代。

② 参见《中国天台宗通史》第503页。

③ 本段行止多参见《佛祖统纪》卷十“宝云旁出世家”。东山及禅林很可能就是天台山的两座寺院。

年（984年）到四明宝云院入义通门下。义通圆寂（988年）之后，遵式返回天台，在大慈寺佛室内，以佛法治疗疾病而痊愈。淳化元年（990年）到咸平四年（1001年）间，受众请回四明宝云院，前后居停十二年，期间有结僧俗修净业、造像、行忏祈雨之举。咸平四年离开宝云，曾停留慈溪大雷山一年，次年即返回天台山主持东掖寺，一直居留到大中祥符七年（1014年）。（大中祥符）七年。杭昭庆齐一。率众致请。初杭人屡请西度未之许。至是始见从。师尝梦居母胎十二年。及出台入杭。果应其数。师至昭庆。大扬讲说。

释契嵩（1007—1072）于嘉祐癸卯（1063年）作《杭州武林天竺寺故大法师慈云式公行业曲记》[1]更进一步描述了遵式所受到的欢迎：止乎昭庆寺。讲说大扬。义学者向慕沛然。如水趋泽。（见《行业记》）

大中祥符八年（1015年）曾受郡人邀请到苏州开元寺开讲，时间不长就返回杭州，入主杭州刺史薛颜所安排的灵山寺。

方祥符乙□之岁也。刺史薛公颜。即以灵山精庐命居。法师昔乐其胜。概已有栖遁之意。及是适其素愿也。其地乃隋高僧真观所营之天竺寺也。歷唐而道标承之。然隋唐来逾四百载。而观公遗迹湮没。殆不可睹。法师按旧志。探于莽苍之间。果得其兆。即赋诗作碑纪之。此始谋复乎天竺也。（见《行业记》）

刺史薛颜。始以灵山命师居之。即随真观师所营天竺寺也。寺西有陈时所植桧。巢寇燎爇仅存枯□。是年冬枝叶复生。因名重荣桧。赋诗刻石。以兆道场重建之瑞。（见《佛祖统纪》）

以后遵式虽仍旧四出弘法，但开始将灵山寺作为主要居留寺院和修行基地了，并且于此开展相应的营建、著录及教学：居无几而来学益盛。乃即其寺之东建日观庵。撰天竺高僧传。补智者三昧行法之说。以正学者。（见《行业记》）

时间不久，灵山寺就深得遵式厚爱，被他视为终老之所：祥符之九年。天台僧正慧思至都。以其名奏之。遂赐紫服。寻复请讲于寿昌寺。罢讲过旧东掖。谓其徒曰。灵山乃吾卜终焉之所也。治行。吾当返彼。寻援

① 收录《镡津集》卷十五，见载《四库丛刊三编》。后文若提及该文则简称“行业记”。

笔题壁。为长谣以别东掖还天竺。（见《行业记》）

天禧三年（1019年），王钦若（962—1025）到访灵山，深为遵式佛学折服，次年（1020年）：为奏锡天竺旧名。复其寺为教。而亲为书额。复与秦国夫人施财六百万以建大殿。（见《佛祖统纪》）

灵山寺改名天竺，即《咸淳临安志》[①]卷八十“寺观六”所载“下竺灵山教寺”：在钱塘县西一十七里。隋开皇十五年。僧真观法师与道安禅师建。号南天竺。唐永泰中赐今额。五代时有五百罗汉院。后废。大中祥符初改赐灵山寺。天禧四年。复天竺寺额。绍兴十四年。高宗皇帝改赐天竺时思荐福寺额。为吴秦王香火院。庆元三年。太皇太后有旨。下竺名刹不欲永占。可复元额。为天竺灵山之寺。宝祐二年。改赐天竺灵山教寺为额。

遵式在灵山弘法了十六年，在天圣九年（1031年），将讲席交付弟子祖韶之后，是年八月他独自徙居寺院的东岭草堂，次年（1032年）即圆寂，享寿六十九年。遵式以其佛学造诣，身后仍受到朝廷褒奖：崇宁三年（1104年）。赐号法宝大师。绍兴三十年（1160年）。特谥忏主禅慧法师。（见《佛祖统纪》）

遵式曾经自称“我住台杭二寺。垂四十年。”而在杭州就主要居停于灵山寺（天竺寺），并且也就是在天竺期间，在王钦若等人的推崇及举荐下[②]，遵式佛学成就得到了朝廷的重视及恩赐，是故，与《佛祖统纪》称遵式为“天竺式法师”类似，后世文献及相关研究中，遵式诸多名号常与天竺连署，如“天竺慈云”、“天竺忏主”等。

遵式之所以被谥为忏主，是与他的佛学倾向及弘法主业有所关联。根据学者研究，宋代天台宗的发展，既表现为通过山家山外的论争促进教义的完善和细致上，也表现为修行实践法门的创建与推广。而具体到两位中心人物，相对于知礼更接近为台宗的学问僧，遵式则更接近是台宗的实践家；虽然两位都对天台忏法给予了极大的关注，也都热心于修忏、制忏，同时在忏法理论上有极高的建树。当相对而言，遵式更热心于忏法的实践

①《咸淳临安志》，清文渊阁四库全书本。《咸淳临安志》称宝祐二年（1254年）赐教寺额，《佛祖统纪》则称王钦若于（1020年）复其寺为教。

②《佛祖统纪》将王钦若列为遵式的法嗣。

和弘扬，一生精力多倾入于宣讲、礼忏、制忏及念佛[①]。

## 二、天竺寺之金光明忏殿

天竺忏主遵式，热心规范并力行修行法门的同时，也四出于江浙多地弘法讲学，使得天台教观之学的影响，于江浙地区不断加强，《行业记》赞誉到：天台之风。教益盛于吴越者。盖亦资夫慈云之德也。而在《佛祖统纪》所载遵式的佛学实践中，值得注意其中的一些营建活动。比如:（咸平）五年（师年四十。自淳化庚寅至咸平四年辛丑。凡十二年居四明）归天台主东掖。以徒属之繁。即西隅益建精舍。率众修念佛三昧。赤山寺海而高。师遽谓人曰。此宜建塔。先是山巅有异光。中有七层浮图之形。光照海上周四十里。皆渔人之簄梁。或以语师。师喜其有先兆。遂建塔焉。于是居人感化不复为渔。其中赤山寺建塔，大约是在祥符四年与七年之间（1011～1014年），当时遵式接受郡守章郇公（章得象）邀请，正在台州景德寺讲法，赤山寺可能即法昌院[②]。相信这种营建活动，与倡导将西湖设为放生池类似，对于弘扬佛法、教化信众会颇有助益。

遵式最为重要的营建活动，自然应当算是重兴天竺寺了，天竺寺指隋代真观所建南天竺，在《佛祖统纪》卷九“智者大禅师旁出世家（二世）·禅师真观”载，“（开皇）十五年。（真观）始立精舍号南天竺”。以后的天竺寺则可见宋代文人胡宿（996—1067）之《下天竺灵山教寺记》[③]，所介绍的相关废兴历程：唐末盗起。寺焚畧尽。吴越王镠。因即旧址。建五百罗汉院。大宋之兴。名山精舍。申易嘉号。锡名曰灵山。祥符中。州人联牒。丛吅府下。请大士遵式。领其众演天台教观。式公辨博明解。远

---

① 圣凯，《中国佛教忏法研究》，北京，宗教文化出版社，2004年，第348页。

②《嘉定赤城志》卷九记载，大中祥符四年到五年的郡守为章得象。同书卷二十六“州·禅院·报恩光孝寺”有“国朝景德中更名景德”；卷二十九“宁海·教院一十有四·法昌院”有“旧名赤山……国朝大中祥符三年改今额”，虽然宁海甲乙院中的妙相院“又名赤山……大中祥符元年改今额”，当相对而言，当以教寺更为可能。《嘉定赤城志》见《宋元方志丛刊》本。到台州讲学事宜可见《行止记》：“祥符四年。会章郇公适以郎官领郡。丁僧夏制。乃命僧正。延法师入其郡之景德精舍。讲大止观。”

③ 该记文可见于《咸淳临安志》卷八十，后选录于川大《全宋文》卷四六六。

近向慕。智者之学。自是益振。天禧初。文穆王冀公临州。一见加礼。为奏复天竺旧额。遄承可报。冀公亲题其榜。笔力殊劲。且有敕旨。许作十方讲院主持。还朝又表其高行。赐号慈云。仍施钱万缗。为营佛殿。雄敞赫敞。岌然翚飞。未几。侍郎胡公继典是郡。又捐已俸。助作三门。分施峻廊。翼其左右。檀施风偃。莫不喜舍。于是裒合众施。环构群宇。

遵式利用王钦若等官员的几次捐助，逐渐将天竺寺群体建造完成，形成了规模宏大达百余区的建筑群体，仍以胡氏记文为凭，寺院：（佛）殿之后。曰法堂。其右曰僧堂。曰金光三昧堂。曰老宿堂。其左曰厨。曰库。曰浴院。曰延寿堂。及东西缭廊六十楹。井堰舂硙之所。最凡百二十余区。皆匪亟而成。观感以化。至于金像。模肖莫不奇特。又造旃檀观音像。置三昧堂中。慈明穆如智者之遗法也。而在天竺寺群体中，最为值得注意的是光明忏殿的建造，因为光明忏殿的建设中，遵式投入极大的心力：其建光明忏殿。每架一椽甃一甓。辄诵大悲咒七遍。以示圣法加被。不可沮坏之意。故建炎虏寇。积薪以焚。其屋俨然。暨方腊陈通之乱。三经寇火。皆不能热。至今异国相传。目为烧不着寺。兹岂独显教门之神迹。诚有以彰国家之有道也。（见《佛祖统纪》）遵式之所以对光明忏殿如此虔诚，与天台宗忏法中的“金光明忏法”有关。

所谓的天台宗门金光明忏法，是指依据佛经《金光明经》之教而修忏悔之法[①]，最早是由智者大师智顗开始，智顗依天台教观，将大乘佛教的理观与忏悔相结合，所制作的四部忏法中，即有《金光明忏法》位居其一[②]。台宗忏法以智者大师的重视及规范化为开端后，在隋唐时期，忏法主要局限于修行者自身，对大众施忏则较为随机与简便，尚难于制度化为自修兼及化他的法门。直至北宋，台宗忏法迎来了发展的高峰期，忏法渐渐演变成不仅是台宗的僧人日课，也作为一种面向世俗社会的制度化行为，知礼及遵式适得其时，于其中推动之力功不可没[③]。在知礼专门论述忏法的文章中，也有涉及金光明忏法的《金光明最胜忏法》。

① 丁福保，《佛学大辞典》，文物出版社，北京，1984年。
② 圣凯，《中国佛教忏法研究》，第80页。
③《中国天台宗通史》，第513页。

而遵式，在通过收集、整理及校订散失错漏的忏法经典，以及对天台忏法传统的继承及再诠释，这两方面工作完善台宗的忏法理论后，还身体力行自忏及忏他的忏法实践。遵式结合宋代台宗有关“理观”等观心法门，补充整理了智顗的《金光明忏法》，著成《金光明忏法补助仪》，以彰显忏法精神及忏法实效[①]；同时《佛祖统纪》等书也记录了遵式的金光明忏法实践，似都与金光明忏法相关：

师（知礼）与遵式同修光明忏。祈雨约三日。不降当然一手以供佛。佛事未竟。雨已大浃。（见《四明尊者教行录》）

还天竺。凡夏禁。则励其徒。共行金光明忏法。岁以七昼夜为程。（见《行业记》）

章懿太后（仁宗母华氏。钱塘人。其父仁德）以师熏修精进。遣使赍白金百两。命于山中为国行忏。师为着金光明护国道为静上之。（见《佛祖统纪》）

略作梳理，智者大师时期，金光明忏法主要作为自修法门，尚未见相应建筑的营建记录[②]，而在宋代知礼的保恩院时期，多有举行金光明等忏法之，然佛寺中仍未明确有专用建筑，就目前资料而言，遵式是为已知营建金光明忏殿的最早僧侣。遵式的金光明忏殿，以空间营建搭建金光明忏法道场[③]，且以佛法涵摄营建过程及加持建筑材料，扩展了佛寺建筑的新类型，实为台宗营建史上的重要节点之一，而这种围绕忏法仪轨来开展营建的模式，也为后世的天台僧侣所继承发扬。

## 三、台宗文献入藏与教院制度

遵式能将天台佛教仪轨、忏法等与朝廷、民间社会的需求结合起来，扩展了台宗发展的社会基础，是遵式对北宋天台佛教最大的贡献，也正是

---

① 同上注，第521页。

② 义寂的传教院中有忏堂。见《四明尊者教行录》所录“建传教院碑铭”。但不确定与金光明忏法有关。

③ 遵式《炽盛光道场念诵仪》（《大正藏》卷四六）中，提到“初示清净处者……或新立堂宇最为第一。”此处所提忏法为施食，并不同于光明忏法。两种忏法对道场的规定应有所不同，不过就选择道场的根本原则而言，二者是一致的。参见《中国天台宗通史》第517页。如此，则以新立堂宇作为金光明忏法道场，有可能就是配合金光明忏法仪轨的。

遵式，以及几位或与他有“方外之友”情谊的或尊崇他佛学造诣的官员们，多方不懈努力推动下，终使天台文献能够获准入藏：

天圣中。公（王钦若）终。以天台教部。奏预大藏。天台宗北传。盖法师。文穆公（王钦若）有力焉。始章献太后。以法师熏脩精志。干元中。特遣使赍金帛百两。命于山中为国修忏。遂着护国道场之仪上之。请与其本教入藏。（见《行业记》）

（王钦若）因奏天台教文。乞入大藏。事未行而公薨。天圣元年（仁宗）。内臣杨怀古降香入山。敬师道德。复为奏之。明年始得旨入藏。赐白金百两。饭千僧以为庆。（见《佛祖统纪》）

大抵是在天圣年间，天台文献得于入藏，表明了官方对天台佛教大师的认可，同时无疑将有利地促进天台佛教的发展[①]。

同时，在主持天竺寺期间，遵式也在思考相应寺院的管理及制度建设，著有《天竺寺十方主持仪》[②]，其文开篇为：

吾早观钱唐寺宇数百。无一处山家讲院。诸法师多寄迹他寺。主客相妨。师徒系属。因相触恼。讵免屡迁。于时域心。便欲创置。乃徧访名迹。唯古天竺寺遗蓝尚在。隋大法师真观所造。便讲法华。次法侁法师。道标法师。皆讲华严。法华徒近千数。则知其地素宜传唱。唐中和寺废。拱木森然。徒仰前修。有心无力。自大中祥符八年乙卯。旋建舍宇。略可安存。便闻讲席。于今十有七载。廊庑尚缺。无何齿发凋落。知死非遥。将来讲人。焉知吾志。虽有王勑作十方传教住持。然其隆替存人。聚散依法。傥人无规矩。摄众何言。众若不存。法将谁寄。及至尘生。高座苔覆。脩廊牵复。无门空嗟来口。故立制数章。冀存长久。愿将来法主。秉而行之。各念因佛出家。依法得住。反坏佛法。非魔而谁。静霭引肠。但恨弗能护法。常啼破骨。岂非志在闻经。况乎遗嘱勤勤。忍违于慈诲。长夜杳杳。忍灭于法灯。固宜一哉。其心牢秉。正法后后相属。灯灯继明。苟心之不欺。则天龙幽赞。天圣八年岁次庚午正月十五日。沙门遵式制。（见《天竺别集》）

①《中国天台宗通史》第384页。
② 遵式《天竺别集》卷下，收录为《卍新纂续藏经》Vol. 57，No. 951。

遵式先回顾了钱塘早先没有专门讲院，台宗法师多寄居他寺带来诸多不便，以及自己发心、历经十七年[1]逐步重兴天竺寺的过程；在天竺寺院群体尚未完整之际，而自己年岁已老，虽然有朝廷旨意定为十方传教主持，但是日后天竺寺的宗派发展、人员聚散更替情况，却实难明晰。遵式认为，只有通过建立相应制度，才有可能使得台宗法脉永久长存，有鉴于此，在天圣八年（1030年）左右，制订了《天竺寺十方住持仪》和《别立众制》数则寺院制度，以及有关僧众日常行事的《凡入浴室略知十事》和《纂示上厕方法》的行为规范。

其中，《天竺寺十方住持仪》共有十章规范，主要是针对寺院法主（住持）而立，而《别立众制》等则是对普通僧众的规范。这些寺院规制无疑将为天台教寺在宋代的开展提供良好的制度保证[2]。本节尤为关心的是，在这些制度规范内，多数为寺院管理及行为准则，基本没有涉及建筑空间布局等方面的内容。

从推动台宗文献入藏，到制定寺院制度，遵式颇为注重义理及法脉承续，而对寺院具体的建筑形制似较为淡然，已知文献中皆未记录遵式如智顗那般制图或如知礼参与指授规模、参与设计的事迹，而这或与天竺寺的营建经历有所关联。首先，天竺寺的营建，主要以官员及民间捐献为主，大殿由王钦若等于1020年捐献，不久后再有胡氏官员捐助山门等[3]，而在遵式制定寺院制度的1030年，寺院的廊庑尚缺。这种逐次累加的营建模式，与按照整体规划来整体投资、建设的寺院当有所不同，相对会更随宜些；其次，天竺寺位居山地：淳祐志云。大凡灵竺之胜。周回数十里。而岩壑尤美。实聚于下天竺灵山寺。（见《咸淳临安志》）遵式的一些营建活动也有散布寺院周边者，如：（天圣）六年正月……始于寺（天竺寺）东建日观菴。送想西方为往生之业。（见《佛祖统纪》）

早先在天台东掖期间，遵式也曾于西隅扩建精舍，而在《天竺寺十方住持仪》中特别提到“深僻处令德行者居之”，可见其对寺院空间的理解，可能比较分散，往往更为注重因地制宜；再者，遵式在受命居住天竺之际，曾整

① 如依原文从大中祥符八年（1015年）算起，到天圣八年（1030年），应该是十六年。
② 心皓，《慈云遵式创建的天台寺院制度》（未刊稿）。
③《佛祖统纪》作天圣四年（1026年）。

理了天竺寺以往的历史，认识到天竺寺：唯古天竺寺遗蓝尚在。隋大法师真观所造。便讲法华。次法侁法师。道标法师。皆讲华严。（见《天竺别集》）

如此历程，反映了同一座伽蓝内，或讲法华，或讲华严，看来宗派的承续与否，关键在于僧众，所谓“众若不存。法将谁寄。”如此一来，遵式将台宗的弘扬事业，立足于推动宗门经典入藏而流通便利，制定主持规范等以管理约束寄法僧众，总体倾向于从思想及人员两方面建设，来为台宗发展奠定基础。

## 第四节　结论：宗门派别与寺院形制

通过对天台宗宗派发展历程中的诸位祖师史料，尤其是涉及营建方面资料的简略梳理，大体可以较为清晰地了解：从智顗创教初始的双寺齐兴奠定天台佛寺基础开始，到北宋时期知礼改造保恩院、慈云遵式营建金光明忏殿等以开拓传教，历代天台高僧在营建台宗弘法基地的勤勉与精诚。南宋时期的天台僧侣释景迁（号镜庵）早已注意到此：道籍人弘。人必依处。此三者不可不毕备也。吾道始行于陈隋。盛于唐而替于五代。逮我圣朝。此道复兴。螺溪宝云振于前。四明慈云大其后。是以法智之创南湖。慈云之建灵山。皆忌躯为法。以固其愿。而继之以神照启白运。辩才兆上竺。于是浙江东西。并开讲席。卒能藉此诸刹。安广众以行大道。孰谓传弘之任。不在于处耶。然灵山之刹。三罹寇火而不能坏。此岂非至人诵咒加功。愿力坚固之验也哉。（见《佛祖统纪》）表明台宗之所以能传承不断，其宗派思想、僧众以及弘法寺院三者不可缺一。而这些令人敬佩的台宗高僧们，对于能否推进宗门法脉顺利承续，也很是用心在意，比如遵式，身为天竺寺的十方传教住持，却仍以私传的方式安排弟子祖韶接班，以保证天竺寺佛种不断[①]。不过，就弘法寺院

①《佛祖统纪》卷十有“（天圣）九年。讲净名经。（遵式）忽谓其徒曰。告在东掖诵此经。梦荆溪授我经卷。及出室。视日已没。今吾殆终此讲乎。因与众诀曰。我住台杭二等。垂四十年。长用十方为意。今付讲席。宜从吾志。命弟子祖韶曰。汝当绍我道场。持此炉拂。勿为最后断佛种人。”

的营建方面，比如知礼的南湖、遵式的灵山，无论在形制及式样上，却似乎没有过多反映天台宗的宗派特殊性的迹象。本书围绕前述史料梳理，尝试以下列几点略作揣测：

1. 智顗未能将结合台宗思想的营建式样明确下来并传诸后世。

智顗时期的天台宗，可谓一宗独秀，得到隋朝朝廷的极高尊崇。天台寺（后称国清寺）的营建，就得到国家财力全力襄助。综合考虑智顗在"五时八教"判教体系中，对台宗经典法华经的最高赞誉，以及"全身舍利"的葬法创新，有理由相信智顗在基地现场实际放样的基础上，绘制相关图样，亲力完成的天台寺寺院式样设计，应当包含了台宗思想的影响。可惜的是，智顗在天台寺殿堂正式营建之前，将图样交代给杨广之后即告圆寂，从而未能将相关式样，通过营建过程的具体指导明确下来，也未能将图样中的相关思考，以解说或文字形式，开示徒众去继续探索。

2. 台宗法师寓居他寺。

智顗以后，天台宗进入相对衰微时期，于寺院营建方面贡献稀少。而到了唐代湛然中兴台宗之际，为了应对三论宗、禅宗等其他宗派百舸争流的局面，天台宗门存亡的关键问题，思想层面的经典诠释以及法脉传续工作更为紧要，而在寺院营建以及寺院空间设计中融会宗派特点等方面，渐渐有所忽略。法师没有参与营建的建筑，同样可以成为弘扬天台法门的空间，寺院相关场所的宗派特色，主要由其中举行的宗教活动、传法行为来体现。从湛然居停常州建安寺的止观堂，到遵式描述的钱塘法师多数寓居他寺，反映了台宗思想与寺院形制之间的松散关系。

3. 同一寺院的宗派更替现象。

就前述史料所见者，玉泉寺后期不再仅弘止观，而国清寺演变为禅宗寺院，知礼曾入主的干符寺成为律院，遵式重兴的天竺寺一度曾讲华严，而这在多宗并立的时代，应当并不罕见。首先宗派并立与竞争，使隋朝那种台宗获得国家权力眷顾的形势已难重现，后期史料中多数台宗佛寺的营建，是由信众捐献助力；同时，不同宗派在相同寺院中的更替，无疑会减弱寺院形制对宗派特殊性的表达。无论是通过立戒誓、上书官府，希望保恩院永传智者教法的知礼，还是立十方住持仪、私传门下弟子维持法脉的遵式，却都没有试图通过寺院整体形制来表达台宗教法的尝试。相信熟知上述改宗寺院情况的他们，想必也都了解这种“以寺表宗”尝试的不可行性。

4. 宗派传承更为重视思想、仪轨与僧众。

受到佛教相对忽略物质实体等思想的影响，加上寺院形制确实难于承载宗派传承的愿望，宗派延续的努力，主要集中到了思想整理诠释以及仪轨建设、僧众的训练及管理上。智顗开创台宗思想、湛然加以普及化、义寂推动教籍回归，以及知礼的精微辨析捍卫圆旨、遵式的宣扬感染，使得台宗思想延绵传承，经籍也得于收录国家大藏；同时，智顗肇端的台宗忏法，经由知礼的理论发展，以及忏主遵式的制度化建设，使得台宗忏法得于完善与系统化。而思想的传承以及忏法、仪轨的建设，一定程度上影响到了台宗寺院建筑的发展，比如相应地出现了教藏院、金光明忏殿（忏堂）等建筑类型，以及单体建筑所谓的“延庆殿式”出现，然而却都并非整体形制层面上的触动。

## 第五节　具体案例：保国寺大事记简表

作为在“延庆殿式”影响下重建的保国寺，主要殿堂得于保存至今，加上相关史料相对完整，留给今人一处了解寺院变迁的难得标本，故以郭黛姮老师整理的保国寺相关大事记简表为基础，加以增减，并略作考证。

保国寺相关大事记简表　　表2-2

| 年代 | | 记事 | 资料 | 考证 |
|---|---|---|---|---|
| 东汉建武年间 | 25～56年 | 骠骑将军张意之子，中书郎张齐芳隐居此山，后舍宅为寺，初名灵山寺 | 雍正《培本事实碑》；嘉庆《保国寺志》 | 张意，据《太平御览》转引《东观汉记》卷二十一《列传十六》载：“张意拜骠骑将军，讨东瓯，备水战之具，一战大破，所向无前。”<br>以北传佛教的视角，东汉时期的瓯越一带，佛教当尚处萌芽之期，设寺院一事，恐有待商榷之处 |

续表

| 年代 | | 记事 | 资料 | 考证 |
|---|---|---|---|---|
| 唐会昌年间 | 845年 | 灵山寺废，名蓝圮毁 | 天启《慈溪县志》；嘉靖《宁波府志》；雍正《培本事实碑》；嘉庆《保国寺志》 | |
| 唐广明元年 | 880年 | 赐保国寺额 | 天启《慈溪县志》；雍正《培本事实碑》 | 其中雍正碑及嘉庆寺志，记载最为详尽：众檀越不忍寺院荒芜，请国宁寺僧人可恭主持复寺大业。可恭与檀越鸣之刺史，后前往长安，途经关中旱区，施祈雨神迹而声名大振，为朝野所知，得于获赐颁保国寺额及紫衣一袭。嘉庆寺志或多转录自雍正碑文。<br>国宁寺，今天宁禅寺，位于中山西路拗花巷对面。寺建于唐大中五年（851年），始名国宁寺。北宋崇宁二年（1103年）改为崇宁万寿寺。政和元年（1111年）改名天宁万寿寺。南宋绍兴七年（1137年）赐额“报恩光孝寺”，旋又改名报恩光孝寺，后又名天宁报恩寺。元明清屡毁屡建。今存遗址[1]。能在会昌法难后六年就建寺，国宁寺僧人自然受到有心复兴保国寺众檀越的注意。据宝庆《四明志》记载，大中初刺史李敬方[2]，请求朝廷复开元寺于国宁寺旧址，是为会昌之后复寺之写照。<br>广明（880年正月～881年七月）元年十二月，黄巢攻陷长安，唐僖宗逃难入蜀 |
| | | 可恭建殿宇于广明年间 | 雍正《培本事实碑》 | 此事仅见于雍正碑刻，尚未有他处文献见载 |

续表

| 年代 | | 记事 | 资料 | 考证 |
|---|---|---|---|---|
| 北宋太宗太平兴国五年 | 980年 | 给赐本院知事僧希绍图记，专切掌领管系行使 | 嘉庆《保国寺志》 | |
| 北宋祥符四年至六年 | 1011～1013年 | 德贤尊者来主寺事，弟德诚与徒众，募乡长郑景嵩、徐仁旺、吕遵等，鸠工庀材。山门大殿，悉鼎新之。时邑令林公济、县尉杨公文敏，亦有力焉 | 嘉庆《保国寺志》 | 嘉庆《保国寺志》卷下，“先觉·宋山门鼻祖三学德贤尊者”云:“祥符辛亥（1011年），复过灵山，见寺已毁，抚手长叹，结茅不忍去。居凡六年，山门大殿，悉鼎新焉。”<br>德贤尊者，据明弘治年间《云堂记》，称“昔德贤尊者，丕扬圣教，道行弥天，为斯堂祖”，雍正碑文作者亦称“宋明道间，中兴祖赐号德贤尊者”，但是也为不能考核其事迹而“不亦悲夫”。嘉庆《保国寺志》之“先觉”条中，反有明晰之记载，称为“宋山门鼻祖三学德贤尊者”。有关德贤尊者之考证，敬请参看本书相关章节。<br>林济，雍正《慈溪县志》卷三《秩官表》中有载，为宋天圣四年（1026年）邑令 |
| 北宋祥符六年 | 1013年 | 佛殿，宋祥符六年，德贤尊者建。昂栱星斗，结构甚奇。为四明诸刹之冠。唯延庆殿式与此同，延庆，固师之师礼公所建之道场也 | 嘉庆《保国寺志》 | 嘉庆寺志中，先觉所列“宋法智大师四明尊者”，实际与保国寺未见直接关联，其主要是作为保国寺中兴祖德贤的老师。法智大师，是天台宗十七祖，北宋时期天台中兴的领袖人物。<br>延庆寺，宝庆《四明志》卷十一，“寺院·教院四”中提到，“延庆寺……皇朝至道中，僧知礼，行学俱高，真宗皇帝遣使加礼，大中祥符三年，改院名延庆……” |

续表

| 年代 | | 记事 | 资料 | 考证 |
| --- | --- | --- | --- | --- |
| 北宋祥符六年 | 1013年 | 佛殿，宋祥符六年，德贤尊者建。昂栱星斗，结构甚奇。为四明诸刹之冠。唯延庆殿式与此同，延庆，固师之师礼公所建之道场也 | 嘉庆《保国寺志》 | 石待问大中祥符二年所作之《皇宋明州新修保恩院记》，所谓“……公输之削墨靡停。匠石之运斤弗辍。如是焉者三载。工乃讫役。观其基宇宏邈。土木瓌丽。金碧交映。玉毫增辉。先佛殿而后僧堂。昭其序也。右藏教而左方丈。便于事焉。节棁并施。楹角咸刻……”同时，石待问还提到，保恩院建筑“轮奂之盛。莫之与京。而又此邦异乎他群”，强调其独特性。<br>嘉泰年间《四明尊者教行录》提到“大中祥符二年己酉。时年五十岁。建保恩院落成。戒誓辞云。院己酉告成。石公纪之。记末曰。待问通守竹符函亲松柄。会兹院告厥成功。遂抽毫而为识。”随即“三年庚戌。是年恭奉圣旨。改保恩额。为延庆院。据四明图经曰。保恩院周广顺二年建。皇朝大中祥符三年改为延庆院。绍兴十四年改院为寺。”由上可知，延庆院（原称保恩院）建筑完成于大中祥符三年，正与保国寺嘉庆寺志记载的祥符四年衔接上 |
| 北宋治平年间 | 1064～1067年 | 更为精进院 | 宝庆《四明志》；天启《慈溪县志》；雍正《培本事实碑》；嘉庆《保国寺志》 | 宝庆《四明志》载为治平二年（1065年）改额。<br>嘉靖《宁波府志》卷十八载，宋治平元年改精进院。<br>雍正碑记从唐广明元年至为治平年间，相距二百十四年，恐有误，或当为二百差十四年。<br>嘉庆寺志载为治平元年，赐精进院额 |
| 北宋天禧四年 | 1020年 | 建方丈殿 | 嘉庆《保国寺志》 | |
| 北宋仁宗明道元年 | 1032年 | 在大殿西建朝元阁 | 嘉庆《保国寺志》 | |

续表

| 年代 | | 记事 | 资料 | 考证 |
|---|---|---|---|---|
| 北宋仁宗庆历年间 | 1041～1048年 | 僧若冰建祖堂 | 嘉庆《保国寺志》 | 嘉庆寺志卷上，所录明弘治六年（1493年）之“艺文·云堂记”中，“云堂者，保国寺精进院之祖堂……昔德贤尊者，丕扬圣教，道行弥天，为斯堂祖……”同志卷上“古迹·云堂”提及，“云堂，宋仁宗庆历年间，僧若冰建祖堂，奉祀保国寺祖先……”或表明祖堂系祭祀德贤，且建造时间，与德贤尊者则全的圆寂时间——庆历五年（1045年）相近。<br>《释门正统》卷六，提到则全有弟子若水 |
| 北宋徽宗崇宁元年 | 1102年 | 国宁寺僧等，舍石佛座于大殿中 | 石佛座北侧束腰题刻 | 嘉庆寺志未载斯事，或许修志之时，铭文观览不便。查嘉庆寺志，卷下“先觉·敏庵禅师”中，“……新装主佛罗汉四天王，并石座傍座菩萨，满堂装金，妙相庄严”，或许石佛后亦曾有佛像设置 |
| 南宋绍兴年间 | 1131～1161年 | 宗普凿净土池 | 嘉庆《保国寺志》 | 嘉庆寺志卷上“寺宇·净土池”记载，“净土池，宋绍兴年间，僧宗普凿，栽四色莲花。”<br>此净土池与院西之莲池，或非同一物事 |
| | | 僧仲卿(重)建法堂<br>僧仲卿、宗浩同建十六观堂 | 嘉庆《保国寺志》 | 卷上“寺宇·法堂”载，“法堂，宋高宗绍兴年间僧宗卿建”。不过卷下“先觉·公达大师”载为重建。<br>僧仲卿，可能即是天启《慈溪县志》“仙释”中的“仲乡”，“邑之胡氏子，丱岁礼保国寺道从为师，受具足戒，教观克勤，后入延庆寺，行法华三昧，刺血书法华经四部，然二指以报国恩，绍兴六年十月，整衣端坐，奄然息绝，道俗追慕，以香泥庄严真体奉之。”年代及履历相近，而乡字繁体“鄉”，传抄中易与“卿”互混矣。 |

续表

| 年代 | | 记事 | 资料 | 考证 |
|---|---|---|---|---|
| 南宋绍兴年间 | 1131～1161年 | 僧仲卿(重)建法堂<br>僧仲卿、宗浩同建十六观堂 | 嘉庆《保国寺志》 | 嘉庆寺志卷上“古迹·十六观堂”记载，“十六观堂，在法堂西，宋绍兴间，僧仲卿、宗浩同建。”嘉庆寺志卷下“先觉·公达大师”载，“……复入延庆圆照[3]讲帷……复率有力者，修盖弥陀阁、十六观堂。乃还受业院即保国寺，化导众缘，重建法堂五间，复与法侄宗浩，于院之西，叠石崇基，立净土观堂，凿池种莲……”从位置及建造时间看，十六观堂当即净土观堂。<br>乾道《四明图经》卷十，录有宋人陈瓘《延庆寺净土院记》，作于大观元年（1107年）八月，该文亦收录于《佛祖统纪》卷三十五，只是改题《南湖净土院记》。该文记录了延庆寺僧人介然，会同“其同行比丘慧观、仲章、宗悦”，历时七年，发愿募捐构建宝阁及十六间禅观之所，终于元符三年（1100年）三月功成之盛况。《延庆寺净土院记》中有“……构屋六十余间。中建宝阁。立丈六弥陀之身。夹以观音势至。环为十有六室。室各两间。外列三圣之像。内为禅观之所。殿临池水。水生莲花。不离尘染之中。豁开世外之境……”，其中的十六间室、环绕建筑设水池、池中莲花等要素，亦为绍兴间保国寺（时当称精进院）营建内容。其中有三点值得注意：1.保国寺僧仲卿入延庆寺圆照门下，为政和四年（1114年）后，斯时延庆寺内，供奉弥陀佛的宝阁及十六间禅观之所，业已完工，并至少存续至建炎初（1127年）炽于金兵[4]为止，故宗卿有可能参与二构“修盖”之事；2.协助介然构思修建者，中有仲章、宗悦二人，保国寺僧仲卿、宗浩二人，两组之辈分次序相类；3.延庆寺的建造活动，或表明净土信仰与天台宗的结合，此思潮当影响了保国寺，只是后者实施时间略为后移。 |

续表

| 年代 | | 记事 | 资料 | 考证 |
|---|---|---|---|---|
| 南宋绍兴年间 | 1131 ~ 1161年 | 僧仲卿(重)建法堂<br>僧仲卿、宗浩同建十六观堂 | 嘉庆《保国寺志》 | 延庆寺建筑或多为保国寺所写仿，惟“延庆殿式与之同”的佛殿，以及十六观室等净土修行建筑，皆为例证 |
| 南宋嘉熙年间 | 1237 ~ 1240年 | 复称保国寺 | 《释门正统》 | 卷第六“中兴第一世八传·则全”载，则全十岁师保国光相塔院，斯时精进院或又恢复保国旧称。<br>延庆寺于大中祥符三年赐延庆院额后，于绍兴十四年（1145年）改称延庆寺 |
| 明弘治癸丑六年 | 1493年 | 僧清隐重建祖堂，更名云堂 | 《云堂记》；嘉庆《保国寺志》 | 此云堂，即原来庆历年间修建之祖堂，因“栋宇倾颓，不蔽风雨”，由清隐师与其徒文应、文伟，因祖堂旧基所构。<br>嘉庆《保国寺志》卷上“古迹·清隐堂”，“明弘治间，僧清隐建，今废。”当即云堂，系一构双名也 |
| 明嘉靖年间 | 1522 ~ 1566年 | 重修大殿 | 嘉庆《保国寺志》；民国《保国寺志》 | 嘉庆寺志卷上“寺宇·佛殿”载，明嘉靖间，西房僧世德重修大殿 |
| 明万历三十九年 | 1611年 | 僧豫庵别自为南房 | 嘉庆《保国寺志》 | 嘉庆寺志卷下，“先觉·明豫庵大师行状”载，豫庵（1579—1665），保国寺南房之始祖，尊为“元览斋开山第一祖” |
| 明崇祯年间 | 1628 ~ 1644年 | 僧豫庵重建云堂，改名元览斋 | 嘉庆《保国寺志》 | 嘉庆寺志卷上“古迹·云堂”有载，僧豫庵扩基改造，更名“玄览斋”，旁设两庑，前架照厅。<br>玄览斋，当作元览斋，仅此一处作玄兰斋，寺志他处皆作元览斋。或者，原作玄览斋，因康熙朝避讳改作元览斋 |
| | | 颜鲸题写“一碧涵空” | | 崇祯二十二年[5]，颜鲸题写“一碧涵空”。崇祯年号仅有十七年，不知何解？<br>颜鲸，于雍正《慈溪县志》卷七，“人物志·名臣列传”中有传，系“嘉靖三十五年（1566年）进士” |

续表

| 年代 | | 记事 | 资料 | 考证 |
|---|---|---|---|---|
| 明崇祯年间 | 1628～1644年 | 豫庵发愿设斋僧田，接待朝南海者 | 乾隆《保国寺斋僧田碑记》 | 豫庵，发愿接众，将保国寺作为当时前往南海僧众，经灵山山下路之逆旅及觅食所，并创置田亩。<br>保国寺或许与南海观音信仰有所关联 |
| 明 | | 僧元衍建迎薰楼 | 嘉庆《保国寺志》 | 嘉庆寺志卷上“古迹·迎薰楼”载：明时在大殿西南建迎熏楼，后其孙宗勉重修，桐溪法师若济撰记，清末时已废 |
| 清顺治十五年 | 1658年 | 西房僧石瑛重修法堂 | 嘉庆《保国寺志》 | 嘉庆寺志卷上“寺宇·法堂”载：顺治十五年戊戌，西房僧石瑛重修 |
| 清康熙九年庚戌 | 1670年 | 西房僧石瑛重修大殿 | 嘉庆《保国寺志》 | 嘉庆寺志卷上“寺宇·佛殿”载：康熙九年庚戌，西房僧石瑛重修 |
| 清康熙廿三年甲子 | 1684年 | 显斋重修大殿、天王殿及法堂 | 嘉庆《保国寺志》 | 卷上“寺宇·佛殿”载，康熙廿三年甲子（1684年），僧显斋偕徒景庵，前拨游巡两翼。增广重檐。新装罗汉诸天等相。位置轩昂。<br>卷上“寺宇·天王殿”载，国朝康熙甲子年（1684年），僧显斋重修。<br>卷上“寺宇·法堂”载，康熙廿三年甲子（1684年），僧显斋重修 |
| 清康熙年间 | 1662～1722年 | 净土池四围立栏；二帝殿重修；建叠锦亭 | 雍正《培本事实碑》；嘉庆《保国寺志》 | 雍正碑载，康熙甲子春后，“乃敢浮海伐木购材，始葺山门，继修正后两殿，重增檐桷，石布月台，栏围碧沼”。此当与康熙海禁有关，浮海是至福建购买木材。<br>卷上“寺宇·净土池”载，国朝康熙年间（1662—1722年），僧显斋立栏于四围，前明御史颜鲸题一碧涵空四字。<br>卷上“寺宇·二帝殿”载，始建年代不明，康熙年间（1662～1722年），僧显斋重修。<br>卷上“寺宇·叠锦亭”载，康熙年间（1662～1722年），僧显斋建，并记书额悬焉 |

续表

| 年代 | | 记事 | 资料 | 考证 |
|---|---|---|---|---|
| 清雍正十年 | 1732年 | 立《培本事实碑》 | 雍正《培本事实碑》 | 碑记中提到广明赐额后，旋即“庀材鸠工，重新殿宇，营构有槐林之柱，罘罳绝布网之尘，巧夺公输，功侔造化”，所谓“前祖恢复之事实”，未见其他旁证，未被后来文献所接纳。<br>碑文中“绝布网之尘”者，或为大殿无尘传说之肇端 |
| 清乾隆元年 | 1736年 | 显斋从云堂迁居法堂侧，草创东西楼之前身 | 嘉庆《保国寺志》 | 卷上“寺宇·法堂东西楼”载，计各六间，昔本荒基，乾隆元年（1736年），僧显斋自云堂迁于斯堂之侧，草创结构，与其曾孙唯庵居焉。<br>卷上“古迹·云堂”载，乾隆元年（1736年），六世孙显斋移居于法堂，而豫祖元览斋故居遂废 |
| 清乾隆五年 | 1740年 | 营造法堂东西楼；建厨房、磨房 | 嘉庆《保国寺志》 | 卷上“寺宇·法堂东西楼”载，乾隆五年庚申（1740年），僧唯庵偕徒体斋营造两楼。<br>卷上“寺宇·厨房”载，计三间，在法堂东楼外，乾隆五年（1740年），僧体斋建。<br>卷上“寺宇·碓磨房”载，计三间，在法堂西楼外，乾隆五年（1740年），僧体斋建 |
| 清乾隆十年乙丑 | 1745年 | 佛殿移梁换柱、立磉植楹；重修天王殿 | 嘉庆《保国寺志》 | 卷上“寺宇·佛殿”载，乾隆十年乙丑（1745年），僧唯庵偕徒体斋移梁换柱，立磉植楹。<br>卷上“寺宇·天王殿”载，乾隆乙丑年（1745年），僧体斋重修 |
| 清乾隆十九年甲戌 | 1754年 | 新建钟楼、斋楼 | 嘉庆《保国寺志》 | 卷上“寺宇·钟楼”载，乾隆十九年甲戌（1754年），僧体斋同孙常斋新建。<br>卷上“寺宇·斋楼”载，计四间，乾隆十九年（1754年），僧体斋孙常斋同建 |
| 清乾隆丙子年 | 1756年 | 铸造三千斤大钟 | 嘉庆《保国寺志》 | 卷上“寺宇·钟楼”载，乾隆丙子八月十八日（1756年），铸造大钟三千斤 |

续表

| 年代 | | 记事 | 资料 | 考证 |
| --- | --- | --- | --- | --- |
| 清乾隆丁丑年 | 1757年 | 慎郡王赐“钟楼”额字；冯氏为大钟作记 | 嘉庆《保国寺志》 | 卷上“寺宇·钟楼”载，乾隆丁丑年（1757年），慎郡王恩赐钟楼二大字，此系孙用承（名炳炎）奏请之力，冯容斋（名鹏飞）记。<br>慎郡王，即胤禧，为清圣祖第二十一子，雍正八年（1730年）受封贝子，并晋贝勒，雍正十三年（1735年）受封慎郡王，乾隆二十三年（1758年）卒。<br>卷上“艺文·新铸大钟记”，为乾隆二十二年（1757年）冯鹏飞所作，文中有“其中代有高僧缔构营筑，宫殿之巍峨，金碧之华丽，寖寖乎，驾四明诸刹而上之矣”，此或为嘉庆寺志中称佛殿为“四明诸刹之冠”之源本 |
| 清乾隆三十年 | 1765年 | 天王殿殿基及殿前明堂铺石板 | 嘉庆《保国寺志》 | 卷上“寺宇·天王殿”载，乾隆三十年（1765年），殿基及殿前明堂，僧常斋悉以石板铺之 |
| 清乾隆三十一年 | 1766年 | 佛殿殿基悉以石铺；改造碓磨房 | 嘉庆《保国寺志》 | 卷上“寺宇·佛殿”载，乾隆三十一年（1766年），内外殿基悉以石铺。<br>卷上“寺宇·碓磨房”载，乾隆三十一年（1766年）僧常斋改造楼屋三间，北首设过街楼与西楼通 |
| 清乾隆三十四年 | 1769年 | 新建柴房 | 嘉庆《保国寺志》 | 卷上“寺宇·柴房”载，计三间，在斋楼外，乾隆三十四年（1769年），僧常斋新建 |
| | | 发现大殿建设年代 | 嘉庆《保国寺志》 | 卷上“寺宇·佛殿”载，“自始建以来，至今乾隆己丑（乾隆三十四年，1769年），凡七百五十有七年”，此当为他处所引者。嘉庆寺志中住持编修者为元览斋十五世敏庵，十四世理斋寂于乾隆甲午年（1774年）后，敏庵方可为住持，故此段文字当非嘉庆寺志编修者所撰 |

续表

| 年代 | | 记事 | 资料 | 考证 |
|---|---|---|---|---|
| 清乾隆四十五年 | 1780年 | 重修二帝殿；建文武帝殿；构亭悬“东来第一山”匾 | 嘉庆《保国寺志》 | 卷上“寺宇·二帝殿”载，（乾隆）四十五年（1780年），常斋、敏庵重修。<br>卷下“先觉·常斋”载，于乾隆四十五年（1780年），建文武帝殿于叠锦亭内，又于天王殿高低转弯处，新构一亭，悬东来第一山之额。<br>其中，二帝殿或即文武帝殿，因书于两处而各自为名 |
| 清乾隆四十六年 | 1781年 | 修葺为狂风吹坏的山门、大殿 | 嘉庆《保国寺志》 | 卷下“先觉·常斋”载，乾隆四十六年（1781年），山门大殿，悉被狂风吹坏，几无完屋，常斋次第修葺。<br>此次修葺或持续不长，规模亦当不甚大，不然不会在次年即让雪堂与敏庵分家 |
| 清乾隆四十七年 | 1782年 | 雪堂、敏庵分居，敏庵创新南房 | 嘉庆《保国寺志》 | 卷上“古迹·云堂”载，乾隆四十七年（1782年），僧雪堂与敏庵分居，敏庵将豫祖荒基重建，仍号南房。<br>卷下“先觉·一航禅师”载，乾隆四十七年（1782年），予（敏庵自称）与师兄雪堂师分居，归田百亩，又别号新南房 |
| 清乾隆五十年 | 1785年 | 重建法堂东西楼 | 嘉庆《保国寺志》 | 卷上“寺宇·法堂东西楼”载，乾隆五十年（1785年），僧常斋同孙敏庵重建 |
| 清乾隆五十二年 | 1787年 | 重建法堂 | 嘉庆《保国寺志》 | 卷上“寺宇·法堂”载，乾隆五十二年（1787年），僧常斋同孙敏斋重建 |
| 清乾隆五十八年 | 1793年 | 新建祖堂 | 嘉庆《保国寺志》 | 卷上“古迹·云堂”载，乾隆五十八年（1793年），僧敏庵同徒永斋新建祖堂于青龙尾，供奉历代香火。清末时已废 |
| 清乾隆五十九年 | 1794年 | 立斋僧田碑记 | 乾隆《保国寺斋僧田碑记》 | 碑文见嘉庆《保国寺志》卷上“艺文”。<br>冯全撰文 |

续表

| 年代 | | 记事 | 资料 | 考证 |
| --- | --- | --- | --- | --- |
| 清乾隆六十年 | 1795年 | 重建天王殿 | 嘉庆《保国寺志》 | 卷上“古迹·天王殿”载，乾隆六十年（1795年），僧敏庵偕徒永斋，开广筑勘，重建殿宇，以石铺成，改造佛座，新装天王菩萨 |
| 清嘉庆元年 | 1796年 | 修整佛殿，改装佛像等 | 嘉庆《保国寺志》 | 卷上“古迹·佛殿”载，嘉庆元年（1796年），僧敏庵起工至六年（1801年）止，重新殿宇，改装罗汉，配装诸天等相 |
| 清乾隆七年 | 1802年 | 改建碾房 | 嘉庆《保国寺志》 | 卷上“寺宇·碾房”载，在天王殿东，今（嘉庆七年，1802年）改建文武祠东 |
| 清嘉庆十年 | 1805年 | 刊刻寺志 | 嘉庆《保国寺志》 | 此寺志费淳所作序，以及封面皆落款嘉庆十年，不过文中可见若干嘉庆十年以后的事件（见后列条目），则可知刊刻之际，或在嘉庆十年之后 |
| 清嘉庆十二年 | 1807年 | 立“县示碑”禁买寺产 | 嘉庆《县示碑》 | 碑文称“……所有后开该寺户田，不得混行欺占谋卖……”[6] |
| 清嘉庆戊辰年 | 1808年 | 重建叠锦亭；移建钟楼于大殿东；改建厨房、柴房、碾房；建设东客堂等 | 嘉庆《保国寺志》 | 卷上“寺宇·叠锦亭”载，嘉庆戊辰年（1808年），僧敏庵同徒永斋重建。<br>卷上“寺宇·钟楼”载，嘉庆戊辰年（1808年），僧敏庵移建楼在大殿东。<br>卷上“寺宇·厨房”载，嘉庆戊辰年（1808年），僧敏斋同徒永斋改建。<br>卷上“寺宇·柴房”载，嘉庆戊辰年（1808年），僧敏斋同徒永斋改建楼计三间，作外厨房。<br>卷上“寺宇·碾房”载，嘉庆戊辰年（1808年），僧敏庵同徒永斋改建于钟楼后。<br>卷上“寺宇·东客堂”载，嘉庆戊辰年（1808年），僧敏庵同徒永斋 |
| 清嘉庆庚午年至壬申年 | 1810～1812年 | 禅堂、鼓楼等建设 | 嘉庆《保国寺志》 | 卷上“寺宇·东客堂”载，禅堂、鼓楼并余尾，直至天王殿止，嘉庆庚午年（1810年）起，至壬申年（1812年），僧敏庵同徒永斋、孙心斋、端斋、舟庵、峰斋新建 |

续表

| 年代 | | 记事 | 资料 | 考证 |
| --- | --- | --- | --- | --- |
| 清道光元年 | 1821年 | 永斋立《斋田碑》 | | 碑文“……本寺法乳堂历代渐次所置，务农耕种以保佛火，以济僧众，传诸不朽，勿得荡废”[7] |
| 清道光二十八年 | 1848年 | 立县示碑 | | 事关寺产，申明如遇违禁，照律究办[8] |
| 清咸丰四年 | 1854年 | 兰斋重铸大钟 | 大钟铭文 | 铭文落款“咸丰四年八月”。民国《保国寺志》亦载[9] |
| 清宣统二年 | 1910年 | 天王殿、东客堂焚毁 | 民国《保国寺志》 | 据民国《保国寺志》载，宣统二年（1910年）十月，天王殿、东客堂，被焚毁[10] |
| 清宣统三年 | 1911年 | 募建天王殿、东客堂 | 民国《保国寺志》 | 据民国《保国寺志》载，宣统三年（1911年）六月，僧一斋募建，甲寅年（1914年）竣工[11] |
| | | 新南房焚毁 | 民国《保国寺志》 | 据民国《保国寺志》载，宣统三年（1911年）六月，新南房被焚毁，后改作菜园 |
| 清代之前 | | 建关房于大雄殿东北 | 嘉庆《保国寺志》 | 卷上“古迹·关房”载，在大雄殿东北隅建关房，后废 |
| 年代不明 | | 云水楼、新云水楼、念佛堂 | 民国《保国寺志》 | 均见于《民国寺志》，估计当建于清代末期[12] |

1 宁波市佛教协会编,《宁波佛教志》，第32页，天宁禅寺条。类似记载可参见宝庆《四明志》卷十一等文献。
2 嘉靖《宁波府志》卷三，载有李敬方为刺史。
3 乾道《四明图经》卷十一，何泾《延庆院圆照法师塔铭》。圆照梵光（1064—1143），政和四年（1114年）受太守吕淙所请，入主延庆寺。
4 成化《宁波郡志》卷九《寺观考·鄞县·寺》之“延庆讲寺”条，收录有元代所作《重建佛殿记》。
5 郭黛姮、宁波保国寺文物保管所，编著《东来第一山保国寺》，第69页。
6 郭黛姮、宁波保国寺文物保管所，编著《东来第一山保国寺》，第126页。
7 郭黛姮、宁波保国寺文物保管所，编著《东来第一山保国寺》，第126页。
8 郭黛姮、宁波保国寺文物保管所，编著《东来第一山保国寺》，第126页。
9 郭黛姮、宁波保国寺文物保管所，编著《东来第一山保国寺》，第8页。
10 郭黛姮、宁波保国寺文物保管所，编著《东来第一山保国寺》，第8页。
11 郭黛姮、宁波保国寺文物保管所，编著《东来第一山保国寺》，第8页。
12 郭黛姮、宁波保国寺文物保管所，编著《东来第一山保国寺》，第8页。

# 第三章　天台宗净土信仰建筑探微

## 第一节　研究缘起

宋代佛教的发展历程中，宗派相互融汇颇为明显，如原本于修习方面各有其观行法门的天台、禅等宗派，派内诸多宗师常联系净土信仰而提倡念佛的修行。各宗此般倾向修行净土的推动，于社会教化方面，使得各地结净行社的僧俗集合益多，而于寺院建筑方面，则有建造弥陀阁及十六观堂等因应变化[①]。本书即是遵循前辈指引，以建筑史学之视角，探析其中的十六观堂建筑现象之尝试。

自忝列王贵祥老师主持的佛教建筑历史研究团队以来，便多措意宗教仪轨演变与建筑现象之互动关联方面的古代记录，然略解相关文献情况者，想必知晓此类直接论据之稀见。需要说明的是，两宋时期佛寺建筑记等历史文献，数量可谓极多，然常见为借营建事为题而发挥，或颂释教神圣、或赞盛世和谐、或表主事者之功德，而对吾等极为关注的详实建造事项或具体建筑空间等描述，却多为春秋笔法大而化之，甚至有不置一词者，读来每令人有七宝池中莲朵万千，却无花可供托生之慨叹。相对而言，就营建活动始末的交代、建筑空间形态的描述，以及相关资料的完整程度上，有关两宋十六观堂的历史文献，可谓窥测宗派融汇与寺院建筑营建之关联性的吉光片羽了，故在文史界前人指引下得睹以来，不自量力沉

① 吕澂，宋代佛教，见中国佛教协会编，中国佛教，知识出版社，1980年，第85页。

浸有时，勉为此拙浅之论，权作该方向的引玉之砖[①]。

本书首先将结合历史文献，在梳理相关记载基础上，尝试对延庆寺十六观堂建筑作复原探索，力图较为直观地表达其空间布局及建筑形象，进而将围绕十六观堂的净土信仰，探寻有关空间构成要素的宗教涵义。而后，将讨论十六观堂禅观空间的可能之原型，并讨论古人于观堂建筑空间构成之不同尝试。另外，针对相关文献所记录，在江浙地区，宋代观堂类建筑的几处案例，分析其流播之概观，并结合建筑活动所涉及的相关重要僧侣，他们各自宗派背景的参照系，或将窥测不同宗派之间历史渊源与营建之关联。如上诸般努力，或期能作为佛教建筑研究体系下，探索净土信仰空间以及宋代相关寺院建筑之跬步。

## 第二节　明州延庆寺十六观堂

### 一、相关文献梳理

目前所得，宋人有关明州延庆寺十六观堂的文献，主要有以下几种：陈瓘的《延庆寺净土院记》、楼钥的《上天竺讲寺十六观堂记》、清哲的《延庆重修净土院记》[②]，皆是对十六观堂较为具体之描述。而历代有关此十六观堂事迹的零星记录，既见载于地方志书中，如宋代《宝庆四明志》卷十一“教院四・延庆寺”，元代《延佑四明志》卷十六“教化十方・延庆寺”，明代《宁波郡志》卷九“延庆讲寺”中都提及寺中的十六观堂；

---

① 笔者参与调研宁波保国寺大殿之际，课题延伸到研宁波延庆寺寺史后，注意到了陈瓘记中所描述的十六观堂，且与保国寺有所关联。然当时史料不足于成文，后因循杨倩描宗教历史方面的论著，初步整理后相关史料得到充实。而且，就笔者简略检索之初步结果，东亚地域的中日韩三国，建筑史相关研究成果中，尚少见有对十六观堂建筑现象作深入之研究。

② 陈瓘《延庆寺净土院记》见载于《乾道四明图经》卷十（咸丰年间烟屿楼校本），该文亦以《南湖净土院记》题名见载于《佛祖统纪》卷四十九（大正藏），因延庆寺位居明州南湖，文献常见以南湖指代延庆寺，该文未见收录于四川大学之《全宋文》中。楼钥的《上天竺讲寺十六观堂记》，见载于《中国佛寺史志汇刊・杭州上天竺讲寺志》卷七、《咸淳临安志》卷八十、四川大学《全宋文》卷五九七一，但不见于《四部丛刊集部・攻媿集》中。清哲的《延庆重修净土院记》见载《乐邦文类》（大正藏第四十七册），亦收录于《全宋文》卷五三九二。

同时也见诸文人文集中，如宋人楼钥《攻媿集》卷一百五“太孺人蒋氏墓志铭”者，以及释教史籍中，如《佛祖统纪》卷十四“中立”条目者[①]。

以上文献中，以陈瓘的《延庆寺净土院记》最具影响，记中自述作于大观元年（1107年），在随后时间，该文多见地方志书收录或提及，同时也为嗣后文人所引用，下面依前后次序作简略梳理。乾道五年（1169年）之前编的《四明图经》卷十就收录了全文，同书还收录有陈氏另外的“开元寺观音记”、“智觉禅师真赞并序”等文章，以及“次韵袁朝请陪太守游湖心寺”等诗作。庆元庚申年间，石芝宗晓编撰《乐邦文类》五卷，卷三也收有陈瓘的《延庆寺净土院记》。嘉定改元（1208年），楼钥（1137—1213）所作《上天竺讲寺十六观堂记》中，不单提及陈氏之记，且大段引用陈文，楼文更是以四明人身份将延庆寺评为明州东南最胜处来开篇落笔。宝庆年间（1225～1227年）编撰《宝庆四明志》是为目前所见，最早收录延庆寺条目的地方文献，其条目内容亦多为与陈文所述相重合者，而在同书卷八“林暐”条，提及“大观中，忠肃公陈瓘寓居于鄞，暐独厚之，虽其徒谪他所，问遗常不绝”[②]，很是重要。忠肃公陈瓘（1057—1124），字莹中，号了翁或了斋，其生平大致事迹，可以通过《宋史》卷三百四十五所列其传，以及陈氏故乡南剑州，于乾隆时期编撰的《延平府志》中所记录之其人其事，得于了解概观，而《宝庆四明志》更使我们明确陈瓘曾在建炎（1127～1130年）之前，留居过明州[③]。此外，咸淳五年（1269年）志磐所著释教史籍《佛祖统纪》中，也收录陈瓘的多篇文章，除易名为《南湖净土院记》的《延庆寺净土院记》外，还有《止观坐禅法要记》、《三千有门颂》、《与明智法师书》等篇。值得注意的是，在《佛祖

①《佛祖统纪》卷十四，“师（即明智中立）令门徒介然。始作十六观室。以延净业之士。”同书卷二十七，“中立号明智。居南湖常以净业诱人。其徒介然创十六观堂。为东州之冠。实师勉之也。一夕谓侍者曰。今闻异香。吾意甚适。即召观堂行人俱集。含笑言曰。吾往生期至。即面西坐逝。”

②《宝庆四明志》所引条目，既可见于国家图书馆所藏宝庆年间宋刻本，也可见清代咸丰年间烟屿楼校本。

③ 陈瓘被贬四明，还可证于鄞县人史浩（1106—1194）所作《跋陈忠肃公谢表稿》之“备闻（忠肃）公之贬四明者”。另，袁桷《延佑四明志》卷一有“陈忠肃公瓘莹中，以越州签判，摄倅明州，寓居城之湖西”。

统纪》所引《与明智法师书》后，还附有庆元二年（1196年）楼钥所写的叹服陈瓘“学佛得力岂易测哉”之评价。此后，《延佑四明志》卷十六收录陈瓘的《延庆寺净土院记》，题作“净土院记”，成化年间（1465～1487年）的《宁波郡志》卷九，《敬止录》卷二十六也都收录有陈氏该记文。

就以上诸多记录来看，陈氏记文的传承脉络较为清晰，前后传抄之内容亦基本相合[①]；而陈氏书写记文一事，时间上与其留居明州期间相合，未见明显抵牾。今人从陈瓘存世至今的诸多文字中，似乎可睹见这位深谙佛法，与释教中人颇为投缘的长者，失意明州之际，悠游于寺院的历史身影。如此，大德年间（1298～1307年）元人陈宣子所整理的《陈了翁年谱》中，所录的陈氏在崇宁五年（1106年）到大观四年（1110年）期间尝长期谪居于明州事，以及年谱中所述“大观元年八月一日作明州延庆寺净土院记”事，皆可视作史实。

进而，结合释子清哲写于乾道五年（1169年）的《延庆重修净土院记》，其中所记载的重修十六观堂的事迹，以及熟悉明州同时也了解陈瓘的明州人楼钥，在其所作《太孺人蒋氏墓志铭》中描述的“延庆寺有十六观堂”，加之相关地方志书、释教史籍等旁证记录来看，我们可以确认，在明州延庆寺的净土院中，曾经存在过一座被称为十六观堂的寺院建筑。那么，这座以后被历史尘埃所掩盖、为今日建筑史书所忽略的建筑，究竟是什么样子？

## 二、延庆寺十六观堂年表

根据历代地方文献所记载，延庆寺位于明州子城东南隅日湖之中，北周广顺三年（953年）创建，当时名为报（保）恩院，到大中祥符三年（1010年）改名延庆，建炎四年（1130年）寺院主体遭受兵燹，重建后于绍兴十四年（1144年）获赐教额。嘉定十三年（1220年）后不久寺院又

① 也正是以陈瓘记文为线索，我们了解到，这座忠肃公作记的延庆寺十六观堂，在历史上也曾被称为净土院、弥陀忏院、观堂等。

遭火劫，宝庆三年（1228年）史氏重建[①]。至元二十六年（1289年）又火，僧善良重建，泰定元年（1324年）火毁，至顺三年（1332年）复建。明清时期的延庆寺亦多见修建记录，然与本文关联较浅，此处不赘。

需要注意的是，在延庆寺的存废过程中，偏居寺院西北隙地的十六观堂，有时候却能在上述某些灾祸中得于保全，其兴衰周期并非完全与延庆寺同步。据陈瓘所记，十六观堂筹划于元丰间，最终历时七载，建成于元符二年（1099年）。据《嘉庆保国寺志》卷下“先觉”，“公达大师”：遂入延庆圆照讲帏，领受天台三观之道……刺血写莲经四部，然二指供佛，复率有力者，修盖弥陀阁、十六观堂。乃还受业院，即保国寺。表明在圆照梵光主延庆期间，十六观堂曾有一次修盖，时间当在政和四年（1114年）梵光入主延庆之后[②]，及绍兴六年（1136年）仲卿圆寂之前。据清哲乾道五年（1169年）所记，从绍兴丁丑始的四年间（1157～1160年），曾修整净土堂，正可与楼钥所记“建炎兵燹，城郭焚荡，寺亦不存，独所谓净土院者，至今坚致如故”相互印证[③]，表明净土院曾在建炎兵燹中得于保全，留存至嘉定改元（1208年）。但是在嘉定庚辰（1220年），“寺以灾毁，院竟莫能独存”，不过在宝庆丁亥（1227年）“乃复于旧”，释居简（1164—1246）的《延庆观堂翻盖疏》[④]可能即为此次修盖所作。入元以来，观堂在至元己丑（1289年）灾，元贞乙未（1295年）重构，有关此次重修，亦有袁桷（1266—1327）的《南湖重修十六观疏》留世，且仍称之为十六观[⑤]。嗣后，该构因守者不戒于火，又于泰定甲子（1324年）秋九月废为瓦砾之区。次年，石泉洽公始谋划于此建西方殿，另有袁桷所作《送洽师

---

① 根据《宁波郡志》卷九以及《敬止录》卷二十六所见之《重建佛殿记》，延庆寺主佛殿在建炎灾后，一直未能复建，要到至正丁亥（1347年）方告功成。《重建佛殿记》为元末明初昙噩所作，此作者为李修生编《全元文》所漏收。

② 梵光入主延庆时间，参见《佛祖统纪》卷十五。

③ 根据《佛祖统纪》之“介然”传记，在建炎战乱后，信众曾经塑介然像于观室之隅，亦佐证斯时观堂幸存自建炎兵燹。

④ 释居简此疏见载《北磵集》卷九，川大《全宋文》有收录。根据商逸卿嘉定五年所作《真如教院华严阁记》中的“戒月谓未尝持疏登入门，特以讲说所得，亲施不为己有”，可知此类疏文或为募捐之用。

⑤ 文中“介然比丘，肇化境于此地；十六观室，炯银树之光明。”所指明晰。原文见李修生编《全元文》卷七一四。

归吴序》亦及此事，到至顺壬申（1332年）四月殿成[①]，至此，那座独特的十六观堂建筑，连同室内原有庄严，确定地从延庆寺消失了。

## 三、建筑推测

在陈瓘《延庆寺净土院记》中，先描述了比丘介然的构想：构屋六十余间，中建宝阁，立丈六弥陀之身，夹以观音、势至。环为十有六室，室各两间：外列三圣之像、内为禅观之所。殿临池水，水生莲华。不离尘染之中，豁开世外之境。念处俱寂，了无异缘，以坚决定之心，以显安乐之土。进而提及"自是日营月积，更七寒暑"之后，"凡介然之所欲为，无一不如其志者"，显然，元符三年（1100年）建成的最终建筑，基本实现了介然的构想。陈氏作于建筑落成七年之后的记文，与六十二年后清哲所描绘的场景基本相合：建大宝阁，环为十有六室，依经以十六观名之。朱栏屈曲，碧沼澄明，状乐邦清净之境也。像刻栴檀，池栽菡萏，继庐山莲社之风也。忏室精严，禅堂深寂，遵大苏道场之制也，唯守志奉道者居焉。晨香夕灯，无生佛事，澄神内照，豁然明悟于自心寂光之境者，多矣。此为四明胜绝之地。

根据上述描写可知，延庆寺净土院系延庆寺西北别院。净土院的十六观堂，中有宝阁，阁内有三尊佛像，为观音、势至夹侍弥陀。外环有十六个套间，每个套间分内外两间，内间为禅观之所。建筑外围为水池，池中有莲花。

若复原十六观堂的建筑形象，宝阁与观堂的关系很是重要，不过就现有文献来看，难于猝然论断。换而言之，观堂可能属于宝阁之一部分，观堂环像而设；同样的，观堂与宝阁之间也可能有天井等设施联系，即观堂

---

① 黄溍《延庆寺观堂后记》所载甚详，记文结尾提及西方殿于至顺壬申（1332年）夏落成后，元统癸酉又建大悲阁，同时禅观之所、护法之祠以次落成。表明禅观之所可能另有安置，而介然所创观堂原址，已成西方殿。黄氏记文中涉及的洽师等事迹，亦见诸袁桷（1266—1327）的《送洽师归吴序》文字。当时因四明旱疫无法筹集修建资金，洽师准备返回吴地故乡化缘，袁氏作该序送行。黄溍记文参看《金华黄先生文集》卷第十一，以及李修生编《全元文》卷九五四；袁桷序文参看李修生编《全元文》卷七一六。此外，李修生编《全元文》卷七四五收录韩性《延庆寺起信阁记》，所记延庆寺于1333年修建之信阁，应当是在寺院原中央位置。

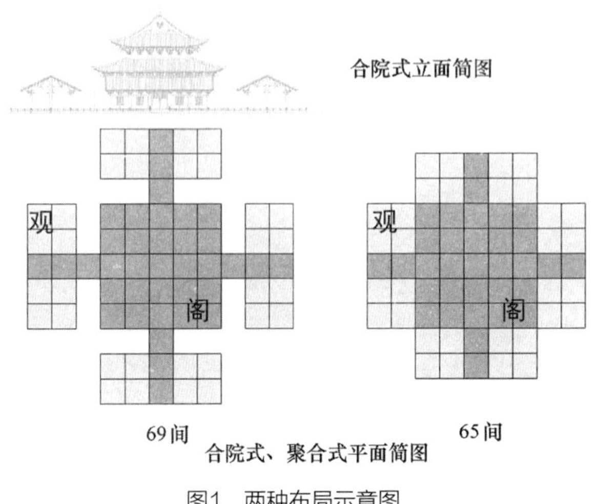


图1　两种布局示意图

环阁而设[①]（图1）。二者的空间构成并无过多矛盾之处，在此，考虑到陈瓘记文中，临池水的殿，可能即阁与观堂之合称，本节推测以前者为主，姑且作为推想之一。节约行文，具体建筑推测过程从略，以下即该十六观堂的主要建筑意向之表达（图2～图5）。

① 后者空间布局为与王贵祥老师讨论时，王师所提意见。王师认为在文献中提及“中建宝阁”，应当注意中部可能有单体式的宝阁，为其他单体所围绕，而前后单体之间可能有天井相隔。确实，记文中描述“中为宝阁，环为十又六室”，可理解为贴阁而环，也可能是离阁环设。如果是后者，则布局当为类似《金明池夺标图》中之湖心建筑，及李嵩《朝回环佩》中所见者，系四周附属建筑围成院落，置主体建筑居院落中央。不过，依后文“殿临池水”句，本文倾向于此处“殿”指阁与十六观合一的建筑，即十六观贴阁而环设。在宋元建筑画中，如宋人《寒林楼观》、元代王振鹏《龙舟图》、李容瑾《汉苑图》、无名氏《建章宫图》及《滕王阁图》所见，其中核心建筑之形体，系由主体四周或几面附建较小建筑而形成之大的组合体。此种建筑组合体的聚合方式，前溯至少可到唐代，而宋元画作或反映江南当时之应用，其后续还可见于明代的《望海楼图》。如此，将十六观套间贴附在宝阁主体的聚合方式，亦能合乎历史延续性。在天台宗最为重要的延庆寺内，这座十六观堂，若仅作较为常见的重檐歇山殿式，则何必称之为“宝阁”，何能在斯时号曰“东州之冠”？要知道，在公元11世纪前后的江南寺院中，高阁建筑可是相当的发达，比如著名的禅寺五山中，即有诸多弘丽高阁见载文献。进而，若以主殿居合院中之布局，十六观堂嗣后何以能名动京师成为上天竺之写仿对象？其规制似乎也难于使初睹该构的入侵金兵之敌酋叹服？此处所引画作，除《金明池夺标图》参见参考文献2，其余皆参见（台）故宫博物院主编，《宫室楼阁之美——界画特展》，台北，2001年。

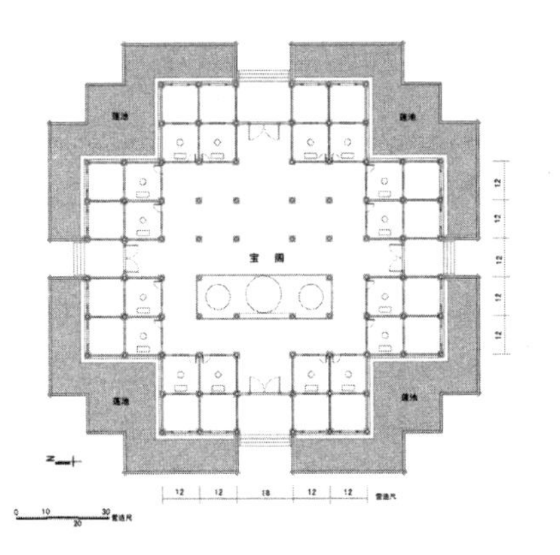

图2　聚合式平面图

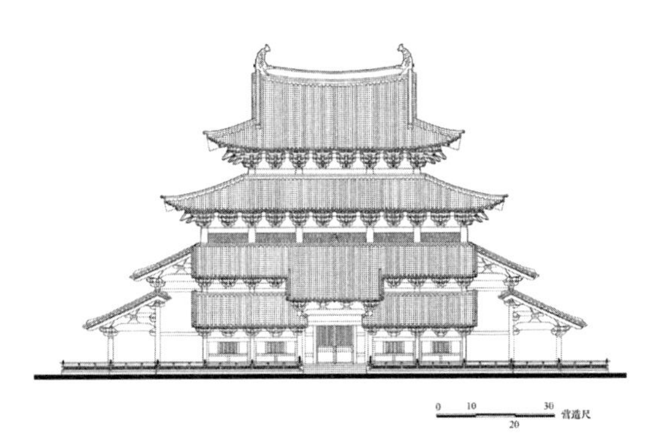

图3　聚合式正立面图

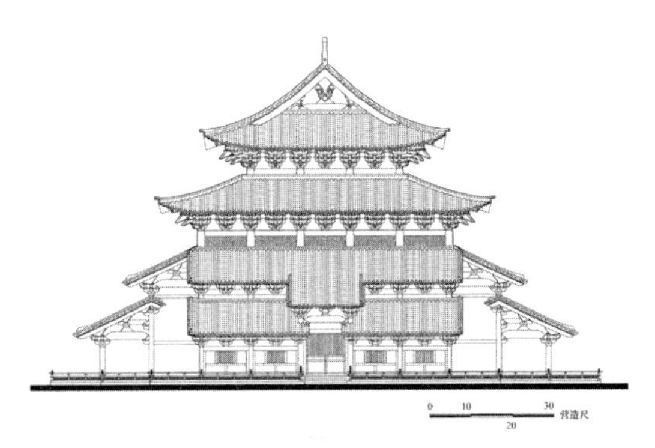

图4　聚合式侧立面图

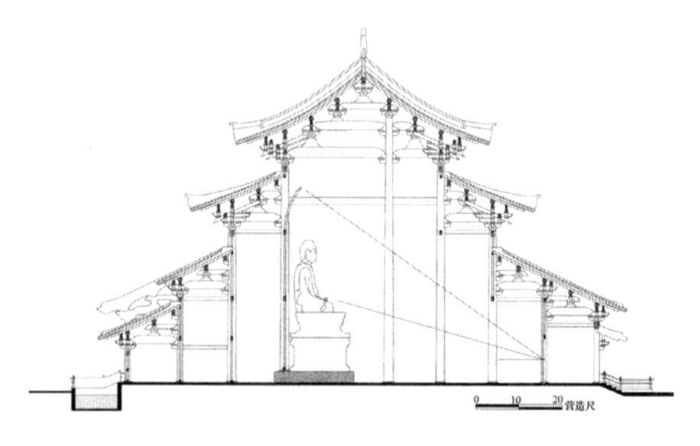


图5 聚合式剖面图

## 第三节 观堂建筑空间的宗教涵义

由上述文献解读及建筑图示中，大致可了解十六观堂的基本空间构成：宝阁主尊参拜空间、十六观堂作为禅观之所、隔绝市尘之莲池[①]，而此般空间构成，是与净土信仰之经典《佛说观无量寿佛经》深有关联。如果说楼钥在《上天竺讲寺十六观堂记》中，谈及十六观建筑“称其所谓净土之说”，其褒赞建筑之法尚且含有对西方净土胜境之优美想象，那么，明州延庆寺十六观堂的诸多建筑处理，则多为直接地依凭了佛家经典中的相关描写，比如十六观、莲池、佛像庄严等。

### 一、十六观

清哲《重修延庆净土院记》有云：“依经以十六观名之”，此处所谓经文，即《佛说观无量寿佛经》。据该经所载，韦提希夫人愿生西方极乐世界，兼欲未来世之众生往生，请佛世尊说其所修之法，故佛说此十六种之观门：一、日想观，正坐西向，谛观落日，使心坚住，专想不移，见日将

① 陈瓘记文中，十六观堂所在的净土院，应当是延庆寺较为独立的区域，不过文中未描述该净土院与延庆寺其他部分的关系。而在清哲的记文中，明确提到“边河之岸，峻筑高墙”，应当是将净土院与其他部分分隔之墙。

没之状，如悬鼓形，既见日已，闭目开目，皆令了了，此名日想观；二、水想观，次作水想，见水澄净，亦使明了无分散之意，既作水想已，当作冰想，既见冰已，作琉璃想。此想成已，则见琉璃地内外映彻，是名水想观；此外另有：三、地想观，四、宝树观，五、八功德水想观，六、总想观，七、华座想观，八、像想观，九、佛真身想观，十、观世音想观，十一、大势至想观，十二、普想观，十三、杂想观，十四、上辈上生观，十五、中辈中生观，十六、下辈下生观。①

此十六观，是往生西方极乐世界的门户，即所修之法②，故在净土信仰体系中很是重要，而建筑内部使用空间以诸观命名，建筑被称为“十六观堂”，其建筑空间的宗教属性不言而喻。不过需要注意的是，佛家经典中所谓的十六观想，是较为复杂的或有层进关系的修行体系，且其中所描述的幻想图景，至为瑰丽神奇。在明州延庆寺的十六观堂中，仅仅是取十六之数来用作止观套间的名称，略显有买椟还珠之不足。这种房间数量相同的对应套用，与敦煌壁画中所见的十六观想图像相比，实在过于简单表层了，不过这也正反映了在再现或转译佛教经典的内容时，采用建筑空间的手段，因涉及相对复杂的具体营建技术，在表达自由与阐释灵性上，与采用壁画或雕塑等媒介存在着较大差别。

## 二、莲池

在陈瓘及清哲的两则记文中，都提到了十六观堂的莲池。后文我们将看到诸多观堂案例，也多有莲池之设。可见此般种有莲花的水池，当是观堂建筑的重要组成部分。

佛家历来珍视莲花，常以莲花象征清净佛性。《妙法莲华经》以莲花为佛所说深法之象征，故经名冠以“莲花”二字；《华严经》及《梵网经》则多描绘“莲花藏世界”，佛与菩萨大多数以莲花为座。在世宗所撰《摄大乘论释》之卷十五中，将“莲花”特性与“法界真如”特征相互对应，

---

① 参见《佛说无量寿佛经》，大正新修《大藏经》。
② 丁福保编，《佛学大辞典》，文物出版社，1984年。

以揭示佛家珍视莲花的缘由[①]。

净土宗基本经典《佛说观无量寿佛经》中，多处提及莲花者：前述十六观想之第五观八功德水想观中，就有水以及莲花等构成的奇幻场景，其他观想场景中也多见莲花、宝莲花等；该经主要崇拜对象——弥陀等三尊都是坐于宝莲花上；众生临终之时，佛与大众也将手持莲花来迎接往生之人。而最为重要的应当是，在十六观的最后三观，即诸品诸生中，行者念佛后，先是生于七宝池中的莲花之中，而后待莲花敷时，便有佛或菩萨等来迎接，如此，莲花俨然成为信众往生西方极乐世界的惟一媒介，其重要性自不待言。从东晋慧远于庐山组织白莲社开始，历来净土信仰活动都较为珍视莲花，宋代净土结社也有见称为莲社者[②]。而南宋天台宗人石芝宗晓（1151—1214），在首次提出净土宗传承谱系时，便题名作“莲社继祖五大法师传”。

就十六观堂建筑中的莲池而言，水池是隔绝市尘扰攘、保障静谧的设施，以满足《往生礼赞偈》所谓恭敬、无余、无间、长时等作业修法中减少干扰之要求，当与《五山十刹图》中所见“观堂架”功能相类[③]。同时，水池也与净土宗经典中多处提及的七宝池有所关联，而水池中的莲花，作为经典中常被提及诵念的事物，尤其是在往生过程中的重要媒介，自然成为水池的主角，水池也常常就称莲池[④]。

## 三、净土信仰

十六观堂作为宗教建筑，其室内主要的庄严佛像设置，是考察其信仰的重要对象。根据陈瓘记文可知，十六观堂内供奉的，首先是中间宝阁内的丈六阿弥陀，以及夹侍的观音、势至菩萨像，其次在较小的禅观空间外

---

①《中国净土宗通史》，第408页。

② 神照本如（982—1032）曾结白莲社，慈觉宗赜建莲花盛会，普劝念佛。赖永海主编，《中国佛教通史》第十卷，第35页。

③ 张十庆，《五山十刹图与江南禅宗寺院》，东南大学出版社，1998年。

④（日）中村兴二，《日本的净土变相与敦煌》，指出中国早期净土变，宝池的重要性，池中多为化生用之莲花。原文刊载敦煌文物研究所编著，《中国石窟·敦煌莫高窟·第三卷》，1987年。

室，另外也设有同样的三圣之像。同样地，如此佛像设置，亦可在《佛说观无量寿佛经》中找到对应之经文：说是语时，无量寿佛伫立空中，观世音、大势至是二大士，侍立左右。

类似经文还见《观世音菩萨授记经》所载：西方过此亿百千刹，有世界名安乐，其国有佛，号阿弥陀如来、应供、正遍知，今现在说法，彼有菩萨，一名观世音、一名得大势。[①]

而十六观堂主尊佛像——丈六弥陀的量度，与《佛说观无量寿佛经》或有关联：佛告阿难及韦提希：若欲至心生西方者，先当观于一丈六像在池水上。如先所说，无量寿佛身量无边，非是凡夫心力所及，然彼如来宿愿力故，有忆想者必得成就，但想佛像得无量福。况复观佛具足身相，阿弥陀佛神通如意，于十方国变现自在，或现大身满虚空中，或现小身丈六八尺，所现之形皆真金色，圆光化佛及宝莲花。

至此，可以认定，明州十六观堂的建筑空间设置中，其禅观空间命名为十六观，水池、莲花配置，以及室内主要佛像庄严，都与《佛说观无量寿佛经》等净土修行经典有诸多对应之处。诚如陈瓘及清哲在记文中所表述者，十六观堂是为净土信仰体系下，所创设的独特之宗教建筑，其空间配置及名称、庄严等，当都与忏法仪轨及禅观修行密切关联[②]。

## 第四节　两浙的观堂建筑概观

### 一、史载观堂略述

以宋代两浙路辖境为凭，简略检索相关地方志书及文人笔记等，可知宋代时期，除明州延庆寺十六观堂之外，尚有数例十六观堂或是与十六观堂净土信仰属性相近的观堂建筑，略举如下[③]：

1.《至元嘉禾志》卷十，松江府，延庆教寺："宋隆兴间（1163～

① 引自湛如《敦煌佛教律仪制度研究》，中华书局2003年版，第240页。

② 陈瓘记文中很明确写明了十六观堂作为止观之所的功能。元人黄溍称十六观堂为"弥陀忏院"，参见注释引文。

③ 此处简略检索所得的11条文献，其中《至元嘉禾志》的"真如院"与"延庆教院"两条，系转引自参考文献1第166页。

1164年）僧守详创茅庐，且以众力□十六观堂，乾道间始赐今额”。

2.《至元嘉禾志》卷十一，嘉兴县，真如院：“淳熙二年（1175年）僧戒月又建华严阁，于其西，阁下为十六观堂焉，商逸卿为之记”，商氏记文收录于《全宋文》卷六五二二。

3.《至元嘉禾志》卷十，崇德县，崇福寺①：“建炎兵火废后重立，有唐无著禅师赞宁碑记，师嘉禾□□人也。寺东北隅有九品观堂”；同书卷二十六有《崇福寺记》，乃嘉定十三年（1220年）比丘妙宁所撰者，记文中提及“（淳熙庚子）是岁……期忏堂创于法标”，可能即九品观堂②。

4.《灵隐寺志》卷二，古迹：“九品观堂，在天圣寺，疑亦慈云所建”。

5.《金华黄先生文集》卷八，北禅寺观堂记：“天台智者之传，在吴郡惟北禅寺特盛。故有观堂，岁久不治”；元代皇庆年间，该观堂经维修后，“延净行僧十有六人，各据一室，依教以立观，而举其业精形成者一人为之领袖”，设有十六室作为止观之所，当也与十六观想有所关联。

6.《嘉泰会稽志》卷七，府城，景德院：“大中祥符元年改今额。有十六观堂”。

7.《嘉定赤城志》卷二十七，临海县，教院三十有一，白莲寺：“旧名白莲庵，庆历五年僧本如建，魏国大长公主请今额。旧有十六观堂……按智顗教起天台佛陇，而白莲、能仁宗而□之，号东掖两山云”。

8.《嘉庆保国寺志》卷上古迹，十六观堂：“在法堂西。宋绍兴间，僧仲卿、宗浩同建。今废”。

9.《杭州上天竺讲寺志》卷九，宋丞相李纲撰，建上天竺天台教寺十六观堂碑：“乾道元年二月，主持若讷宣对称旨……四月复进左街上竺录僧事，始此特赐御币金帛，鼎建十六观堂，以为止观之所，极其弘丽”；相同事迹之记文还有楼钥的《上天竺讲寺十六观堂记》。

---

① 成文出版社《中国方志丛书·浙江省嘉禾志》卷十作“□福寺”。案，同书卷二十六，有崇福寺记，记文内容中有宋代改称悟空院一事，也见于卷十该寺，故卷十该寺可断为崇福寺。《宋元方志丛刊》亦作崇福寺。

② 该记文中还提及“至乾道中，则有真济大师法印为无量寿阁，雕三圣尊像，塑五百大阿罗汉”，也可能与观堂有关。从时间上看，九品观堂的营建最早也要到乾道（1165—1173年）之后。

10.《古今图书集成·释教部汇考》卷四，“乾道三年。幸上天竺。授僧若讷右街僧录。敕建内观堂于禁中，一遵上竺制度”；同书中还记载了多则诏名僧入内观堂的事迹。类似的记载也见于宋代编撰的如《佛祖统纪》等释教史籍。

11. 释居简《北磵集》卷二，南翔寺九品观堂记[1]，“莲社作于东林，般舟之道至是鼓行于晋、宋。由晋逮今，衣冠缁褐，菩萨行人，策动净业，载诸纸上语者不胜数……七情不凿，九品成列，尘刹幢盖，树林水鸟，法音宣流，佛愿力故……（嘉定）丙子之秋，遂落其成”，记文表明九品观堂也是净土信仰之产物，强调“上善种性，观法精密，想念纯至，一念相应，断前后际，不动本际”；十六观堂命名源于《佛说观无量寿佛经》中的十六观想，九品观堂则源于同一经典中的往生之三辈九品等第。

12.《（宝祐）重修琴川志》卷十，“报慈教院。在县北五里。崇宁二年建。内有十六观堂。久废。宝祐二年。邑寓赵云安崇骥重修。仍置田给之。”

13.《（淳祐）玉峰志》寺观，“宝庆院在县西三百步，本逸野堂故基，后归邑人郁允恭，允恭与其弟允文舍建十六观堂，成于宝庆年。敕赐今额。赵綝为记。”《（咸淳）玉峰续志》寺观，“宝庆院十六观堂。方修志时略无废坏。不数年殿堂佛像，下至庖湢，荡无片瓦。计其兴不满二十年。殊不晓今其地归城中北寺。前志载其地本逸野堂故基，其实非也。”

以上十四例观堂类建筑，明州有延庆寺、慈溪保国寺两例，杭州有上天竺、天圣寺、大内观堂三例，苏州有北禅寺、嘉定南翔寺、常熟报慈教院、昆山宝庆院四例，秀州有松江府城延庆教寺、嘉兴县真如院、崇德县崇福寺三例，台州临海白莲寺一例，会稽有府城景德院一例。从观堂建造时间上看，十四个实例中，可较为明确推知建造年代的有七例[2]，其中

① 此文收录于川大《全宋文》卷六八零四。
② 可推知建造年代的实例有七例，依年代先后如下：明州延庆寺十六观堂建成于1099年、慈溪保国寺十六观堂建于1131—1162年间、松江府延庆教寺十六观堂建成于1163—1164年间、杭州上天竺讲寺十六观堂（前一座）建成于1167年、杭州内观堂建成于1167年、嘉兴县真如院十六观堂建成于1175年、南翔寺九品观堂建成于1216年。

以明州延庆寺最早落成，根据相关文献记载来看，亦当为影响最大者，甚至成为其他案例的写仿对象。而从分布上看（图6），主要沿杭州湾南北两岸分布[①]，基本为天台宗流布之区域，且较为集中于城镇，也是基本涵盖了早期天台宗谱系的钱塘、四明及天台三系[②]之主要核心区。考虑到陈瓘《延庆寺净土院记》中，开篇即提及延庆寺世有讲席、以天台观行为宗，并称比丘介然为继法智大师其后者，点明了观堂建筑与天台宗之关联。看来，作为净土信仰建筑之观堂，与天台宗，这两者在流播地域上的重合，当更有其内在之联系[③]。

有宋一代，天台宗与净土信仰的融汇，是佛教史上的重要事件，天台僧以忏法涵摄净土法门，蔚然成风，其相关僧侣中，最为重要的当推知礼及遵式二人。根据《佛祖统纪》记载，以及《中国佛教忏法研究》[④]等先有研究可知，慈云遵式和他师兄法智知礼，二人都为宋代天台宗的中心人物，同时也都对天台忏法给予极大关注，皆热心修忏、制忏，同时在忏法理论上都有极高的造诣。相对而言，与知礼更为热心复兴天台教义的学者型略有不同，慈云遵式实更接近重视实践教化的宗教师，遵式更为热心忏法的实践与弘扬。嗣后，遵式曾被高宗追赠为"忏主禅慧法师"，还被尊为慈云忏主、天竺忏主，足见他在忏法方面的贡献与意义。在遵式的忏法制作与实践中，既有更趋于完善和系统的天台忏法之整理，也有顺应净土信仰流行之时代影响下，相关忏法之增补，如《往生净土忏愿仪》。在遵式制忏，及将忏法进一步落实到世俗社会之际，

---

① 天台宗从隋代智顗创立于天台山一带，到五代时期钱塘、四明与天台山三系并起，其大都是作为地域性的宗教，主要局限于江浙一带。见潘桂明、吴忠伟著，《中国天台宗通史》，凤凰出版社，2008年，第604页。

② 赖永海主编《中国佛教通史（第九卷）》第377页，"北宋天台宗谱系传承十分复杂，呈现出多头发展、间杂融摄的景象。以山家山外之争为中界，我们把北宋天台谱系传承分为前、后两个阶段。前一阶段是钱塘、四明、天台三个系统的并立和对正宗地位的争夺，后一阶段则是在四明系之山家地位确立后，其内部之知礼、遵式两系的分化发展。"

③ 需要说明的是，由于文献资料限制，并不能辨别所有观堂建筑，皆与天台宗相关。

④ 圣凯，《中国佛教忏法研究》，宗教文化出版社，2004年。有关遵式研究，参见该书第347页。

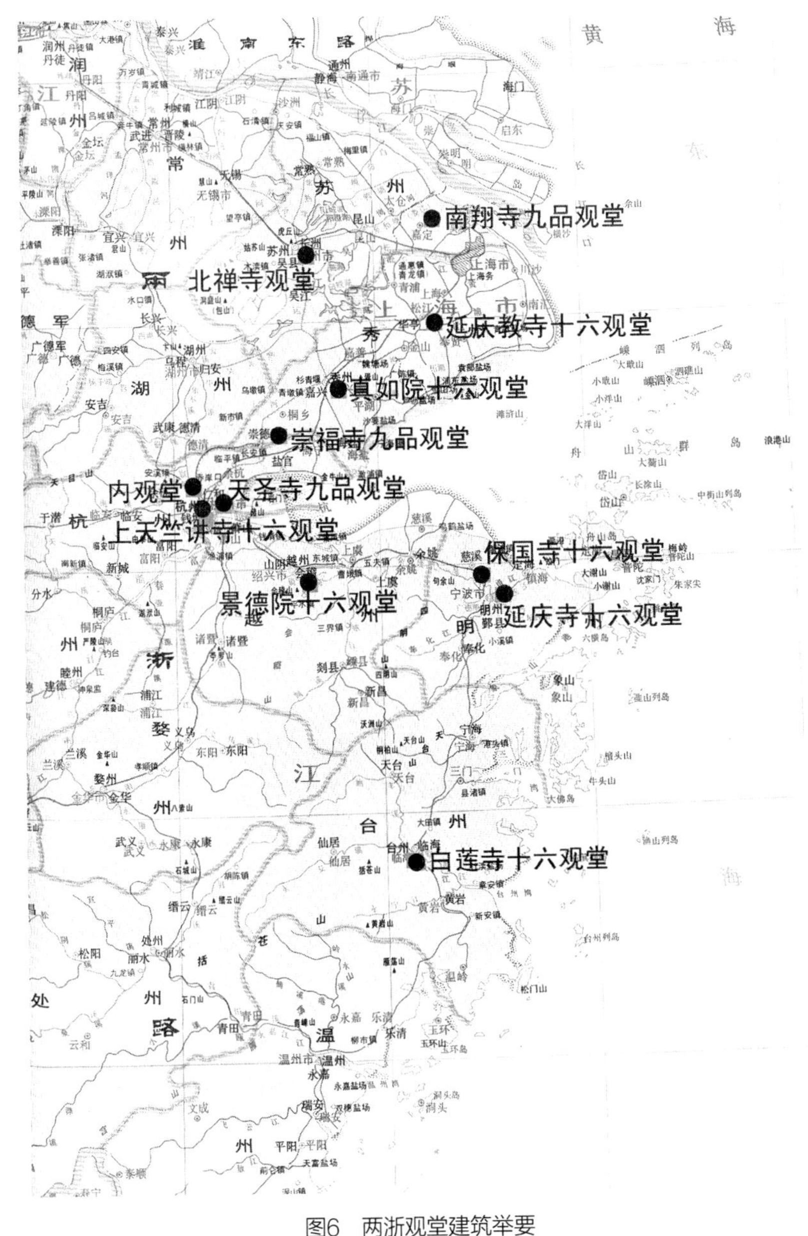


图6　两浙观堂建筑举要

（图片来源：源于谭其骧主编《中国历史地图集》）

相关忏法也随他弘法足迹扩展到浙西、吴地及杭州等地域[1]。根据慈云遵式弘法行迹[2]看（图7），在他曾经弘法的四明、杭州、苏州等地，在约略六十年后，出现了天台僧侣营建的净土信仰建筑之观堂，实难仅视为历史之偶然。

有意思的是，我们甚至在文献中看到，慈云遵式参与营建活动的某种仪式性行举，日后也在介然十六观堂建设中出现。根据《佛祖统纪》记载，"其（遵式）建光明忏殿，每架一椽甃一甓，辄诵大悲咒七遍以示圣法加被，不可沮坏之意。"而楼钥记文中提及，据传介然在建设十六观堂时，也用大悲咒加持了一木一石、微至砖瓦。二者之间，如此相似，或有传承。而我们后文将要提及的，目前所知最先探索净土信仰空间，创造出弥陀殿的法宝从雅，也是遵式的曾孙法嗣。大中祥符八年（1015年）所撰《往生净土忏愿仪》，标志着净土系的礼忏及忏法仪轨在组织体系上的完成。其中，遵式依据净土相关经典，将礼赞忏悔分为十项：1严净道场、2方便、3正修意、4烧香散化、5请礼、6赞叹法、7礼佛、8忏愿、9旋绕诵经、10坐禅。此礼赞忏悔之十法的规定，是在激励僧俗共同追求净业的庄严[3]。考虑到遵式在天台教观及净土忏法二者实践上之努力，以及他在天台宗中的重要地位，我们不可忽略此种激励的重要影响，是故，1015年净土忏法的制定，对于日后相关观堂建筑的产生，意义重大，忏法首条之严净道场即含有相关空间设置要求。

---

① 参见上条注释；及赖永海主编，《中国佛教通史（第九卷）》，江苏人民出版社，2010年，第382页。《中国天台宗通史》将遵式这种将"天台佛教仪轨、忏法等与民间社会的需求结合起来"，视为其对北宋天台佛教的最大贡献，见该书第383页。

② 慈云遵式在太平八年（983年）于国清寺誓传天台后，次年即入四明宝云寺，就义通学天台教；端拱元年（988年）复入天台山励精苦学；淳化元年（990年）住四明宝云寺，并在咸平三年（1000年），四明大旱时，与法智、异闻共同祈雨；咸平四年（1001年），寓慈溪大雷山；咸平五年（1002年），归天台主东掖，于其西隅建精舍，造无量寿佛与众共修念佛三昧；而后，在大中祥符七年（1014年），慈云应请，入主杭州昭庆寺；大中祥符八年（1015年），应苏人邀请到苏州开元建讲，回杭后应刺史命入主天竺寺，同年制《往生净土忏仪》；大中祥符九年（1016年），曾应请到天台石梁、寿昌讲经，并到过东掖，同年返回天竺寺；以后则基本在杭州居留，至明道元年（1032年）示寂。自《佛祖统纪》整理。

③ 湛如，《敦煌佛教律仪制度研究》，中华书局，2003年，第266页。

图7　慈云遵式弘法行迹

（图片来源：源于谭其骧主编《中国历史地图集》）

## 二、观堂空间构成之原型

从陈瓘记文可知，在十六观堂建造之前，延庆寺内已经存在供介然等四人修行西方净土之法的空间了，是故，清哲在《延庆重修净土院记》中，将创建十六观堂事迹称为所谓“比丘介然，续古规模，立佛化事”。那么十六观堂之前的“古规模”情况如何？下面，我们将就禅观空间，以及禅观空间与中央宝阁的关系两方面，结合相关遗迹，考察十六观堂空间及其构成之可能的历史原型。

坐禅冥想是佛教出家者最重要的修行之一。在佛教建筑发展初期，用于禅修的修行空间，即已有之①，并有少量珍贵实物留存至今，比如敦煌285窟的禅修窟（图8）。根据相关记文及释教经文，十六观堂中禅修空间，乃一种用于观想的禅观空间，类似安阳小南海石窟中窟，该窟内两米见方高1.8米，仅能容人坐禅，是为目前所知最早禅观窟②，嗣后的禅观窟所知者还可见于吐峪沟石窟③。小南海石窟中窟是单门小窟，而吐峪沟第42窟，则是中央为主尊佛像崇拜空间，周边围绕多个禅修小窟，这种“环”式格局尤为值得关注。以空间形式看，十六观堂的套间式格局，与吐峪沟石窟第20窟禅观窟相类，而

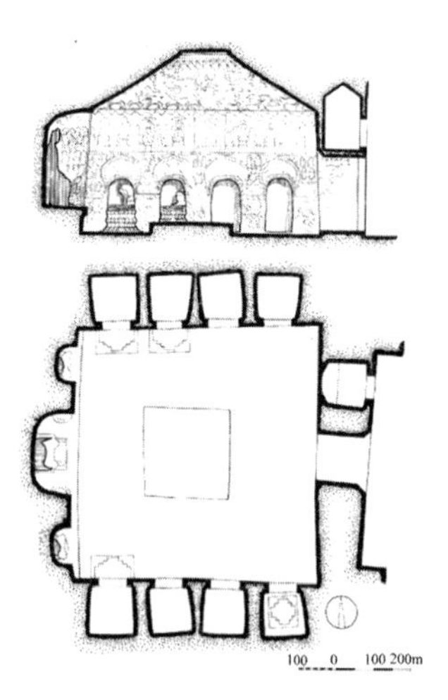


图8　敦煌第285窟实测图
（图片来源：源自《中国石窟·敦煌莫高窟》第三卷）

---

① 印度的毗诃罗石窟甚多，如在阿旃陀的二十六窟就有二十二处毗诃罗窟，主要供小乘禅僧修行坐禅之用。这类禅定用的毗诃罗窟在中国遗存不多，只在敦煌及新疆有一些遗存。敦煌的毗诃罗窟也只有三处：一处是可能开凿于十六国晚期的第267—271窟、一处是北魏第487窟、一处是西魏晚期第285窟。参见萧默《敦煌莫高窟的洞窟形制》，见载《中国石窟·敦煌莫高窟》第二卷第192页。

② 颜娟英，《北齐禅观像图像考》，见邢义田等主编，《台湾学者中国史研究论丛·美术与考古·下》，中国大百科全书出版社，2005年，第500页。

③（日）宫治昭著，贺小萍 译，《吐峪沟石窟壁画和禅观》，上海古籍出版社，2009年，第32页。书中第118页提及第20窟的壁画绘制年代当在曲氏高昌后半期的6到7世纪中叶。

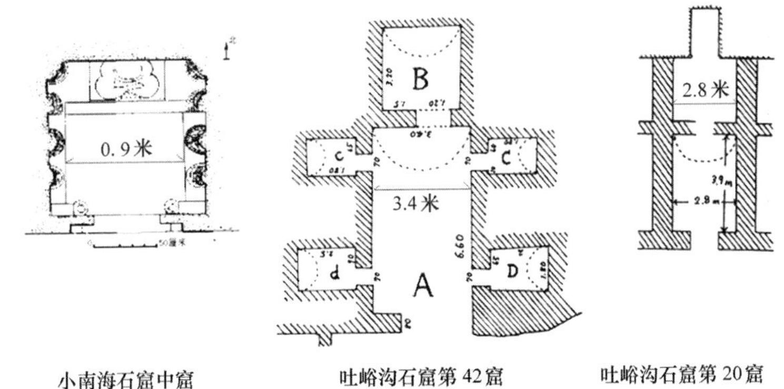


小南海石窟中窟　　吐峪沟石窟第42窟　　吐峪沟石窟第20窟

图9　早期禅观窟实例

（图片来源：摹自《文物》1988年第四期及本章参考文献［5］）

禅修空间环绕崇拜空间则可比拟吐峪沟第42窟（图9）。

要讨论十六观的空间关系，还可以借助其他材料，比如敦煌壁画中，十六观的表现形式。首先，在敦煌莫高窟的壁画形象中，我们可以通过其中观想对象的有无，辨别出壁画中的禅观形象①，而且，在敦煌石窟壁画中还可看到，多个禅观形象常会合成群组式的十六观想形象，而这也成为辨别观无量寿佛经变的标志②。有意思的是，在小南海中窟，雕刻中也正有净土变以及《观无量寿佛经》“十六观想”部分观想之榜题。

根据敦煌研究者整理研究，敦煌石窟中可见的观无量寿经变主要有

①（日）须藤弘敏，《禅定比丘像与敦煌285窟》，见《敦煌研究》1988年第2期。文中提到禅定是佛教出家者最重要的修行，即坐禅冥想。随着佛教的传播，各地可以看到比丘们在山中树下和草庐中禅定之事，由此佛教从中亚传播至东亚的过程中，便产生出与之关系密切的造型。先将比丘坐着修行呈禅定样式的造型描绘总称为修行比丘像，其中结跏趺或作禅定印的禅定形象谓之禅定比丘像。禅定比丘像中呈明显观想之态造型的称为禅观比丘像。然而，仅从比丘本身的外表难于判断禅定像还是禅观像，故把有观想对象表征的，及比丘身旁有观想形象的视为禅观比丘像。

② 季羡林主编，《敦煌学大辞典》，上海辞书出版社，1998年，第120页。孙修身，《敦煌石窟中的〈观无量寿经变相〉》（摘要），文中所列举的近90例中，仅早先1例为未见十六观同绘者，见《敦煌研究》1988年第1期。此外，还有近20例是将十六观融汇到中央净土图面内。

三种形式：其中有1座窟用长卷式、64座窟用向心式以及16座窟用屏风式。而在向心式构图中，尤以对称中堂式实例最多，即中间为净土庄严相[①]，左右各为一分别画有十六观和未生怨的条幅。共有45座窟采用这样的构图，另外左右条幅皆画十六观想的有5座窟中可见[②]。看来，主尊、十六观、未生怨分为三部分，

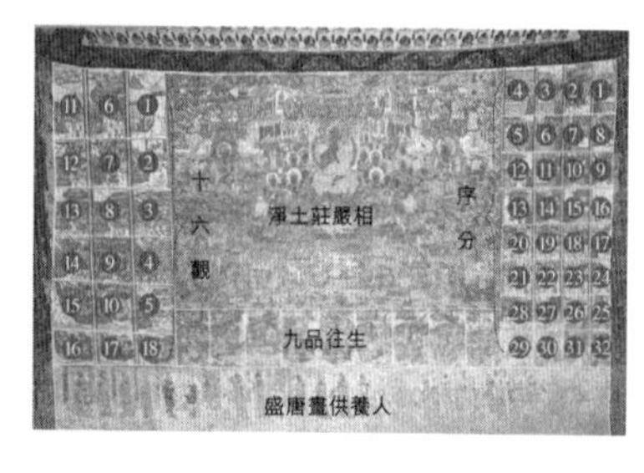


图10　敦煌第171窟北壁观经变构图
（图片来源：源自《敦煌石窟全集·阿弥陀经变卷》。）

且将十六观围绕净土庄严主像配置，可谓观无量寿经变的主要构图式样[③]（图10）。此类构图中，很是重视《观无量寿佛经》中往生净土[④]与十六观想的整体性，强调十六观想围绕弥陀净土庄严展开的意匠。诚然，在敦煌的其他经变画中，也有见到类似的三段围绕式构图，比如，东方药师净土变中的药师净土国及十二大愿、九横死[⑤]，以及报恩经变的说法图及两侧经品故事[⑥]等。不过就经文本身的意义来看，类似十六观为精神修炼的各个阶段，而净土世界为精神修炼的目的地，二者紧密之关联，与这些由各个经品或情节汇聚而成的松散结构之经变差异甚大[⑦]，这也是观无量寿经

① 有的学者以“说法图”命名之。

② 参见《敦煌石窟全集·阿弥陀经画卷》第261页附录《敦煌观无量寿经变主要形式一览表》。

③ 李刈，《敦煌壁画中的〈天请问经变相〉》，《敦煌研究》1991年第1期。“至于在主体经变画两侧各画一条幅的构图形式，则是‘观无量寿经变’的基本构图形式。‘观无量寿经变’至盛唐定型而形成三个固定部分：中间是西方净土，两侧是对联式的立幅画，分别画‘未生怨’和‘十六观’。”

④ 我们注意到，在中唐敦煌榆林窟25窟南壁的宝池中，绘有坐莲花而生的化生童子像，或许表明往生作为中央净土庄严像的构成之一。见《敦煌石窟全集·阿弥陀经画卷》第210页。此外，同书其他经变图中，还可看到有的莲花上坐有菩萨，这也可能是“化生”后即成菩萨者。参见《敦煌学大辞典》第119页。

⑤ 罗华庆，《敦煌壁画中的〈东方药师净土变〉》，《敦煌研究》1989年第2期。

⑥ 李永宁，《报恩经和莫高窟壁画报恩经变》，见《中国石窟·敦煌莫高窟》第四卷，第190页。敦煌27铺报恩经变中，选绘经品时有不同，且构图形式有五种类型，概因各品之间没有紧密关联性。

⑦ 巫鸿，《敦煌172窟〈观无量寿经变〉及其宗教、礼仪和美术的关系》，《礼仪中的美术·下卷》，三联书店，2005年，第361页。巫鸿注意到了敦煌石窟中的一些经变，中央偶像周围或两侧的叙事性故事之间，很少有联系紧密的叙事结构。

变题材与构图定型的重要因素。诚如巫鸿所描述的那样[①]：（中心画面）其所表现的是韦提希或任何虔诚的信仰者“观想”的结果——目睹阿弥陀和他的净土。这一从“（十六）观想”到弥陀天国的延续，由于韦提希最终观想天国而得于实现。

我们回到十六观堂的空间构成上，中间为宝阁，四周围绕禅观之所，宝阁是阿弥陀佛和观世音、大势至之身所在，为西方极乐世界的表征，而如何达成观想及往生该世界的目标，就需要在“十六观”套间中苦修禅观了，而套间的外室另设三圣之像，用于观想。在形态上，十六观的套间，可比拟小南海石窟中窟的单窟，在其中可作独自观想，套间外室的三圣之像类似小南海中窟的净土变雕刻。而中央宝阁，是为崇拜空间，可以行集体礼敬活动[②]。比对遵式《往生净土忏愿仪》所列十法，中央宝阁可行烧香散华、礼请法、绕诵经法等，而禅观之所，适宜明方便法、明正修意、忏愿法、坐禅法。

要之，十六观堂的空间实践中，延续早已成熟的禅观空间形态，且类似敦煌285窟那样围绕中央崇拜空间宝阁布局，二者组合，能满足行忏不同之空间需求。而二者之间所蕴含的“途径”围绕“目标”式布局，或许也是敦煌壁画中十六观“围绕”净土庄严相构图的意匠之一。只是在十六观堂中，十六观想仅仅是作为房间的名称，而缺少壁画中十六观图像所展现的精彩与丰富。

## 三、净土信仰建筑之历史探寻

在明州延庆寺十六观堂建设之前，类似净土信仰修行建筑的探索已经有之。根据宋人杨杰（嘉祐四年进士）所撰《建弥陀宝阁记》[③]，在元祐

---

① 巫鸿，同上注，第408页。

②《往生净土忏愿仪》中，认为同修不要超过十人即可。《大正藏》。

③ 杨杰《建弥陀宝阁记》收录于《乐邦文类》卷三（大正藏），后收录于川大《全宋文》卷一六四三。根据《全宋文》卷一六四二，杨杰另文《题净土忏法》所记“钱塘法慧宝阁照律师”，以及卷一六四三《延恩衍庆院记》所记“（天台宗师辨才净老）初住钱塘法惠院之宝阁”，推测弥陀宝阁应当在钱塘法慧（惠）院。《咸淳临安志》卷八十五，新城县县北二十五里有法慧院，如果即是该院，则地处较偏，也是弥陀宝阁未能扬名因素之一。

元年正月（1086年）之前："钱唐僧监法宝大师从雅，平生修举弥陀教观，参究宗风，乐为偈颂，颇得其趣。又精于医术，多施药以济人，人或以货资酬之，则曰：'非我能也，三宝之功，必转施三宝。'乃造宝阁，立弥陀大像，环以九品菩萨，海藏经典在其后，清净莲池在其前，定观奥室分列左右，誓延行人，资给长忏，以结净土之缘"。

主持建造的法宝从雅，根据志磐所梳理的师承谱系，系天竺遵式之曾孙法嗣，也是属于天台宗法脉，生平大致事迹可见于《佛祖统纪》卷十一：法师从雅，钱唐人，赐号法宝。始从海月学通止观，乃自谓曰：言清行浊，贤圣所诃。遂入南山天王院，诵法华至五藏（言藏者，且以五千四十八为数），金刚般若四藏，弥陀经十藏，礼舍利塔十遍（言遍者，以八万四千拜为数），礼释迦三十万，拜弥陀百万，拜佛号五千万声，礼法华一字三拜者三过。心期净土，一生坐不背西。宪使无为杨杰为制安乐国赞三十章以美之。其一云：净土周沙界，何劳独指西，但能从一入，处处是菩提。师欲广化世俗，遂于受业净住寺，图九品三辈，刻其赞于石，观者皆知感化。一日无病趺坐而亡，有天乐鸣空异香入室之瑞。

从建造记中可知，从雅的弥陀宝阁，其净土崇拜之属性、使用功能、空间格局（图11）已可谓延庆寺十六观堂之先声了。从雅也曾经"图九品三辈，刻其赞于石，观者皆知感化"，以图像方式宣扬三辈九品的净土往生。相对而言，法宝从雅可能更为注意三辈九品的往生等第。我们当自然地记起，在前面提到的敦煌净土变相构图中，十六观、未生怨、九品等都曾作为周边构图围绕于主像周边。不过，在遵式的忏愿仪的严净道场中，提到"若安九往生像最好，

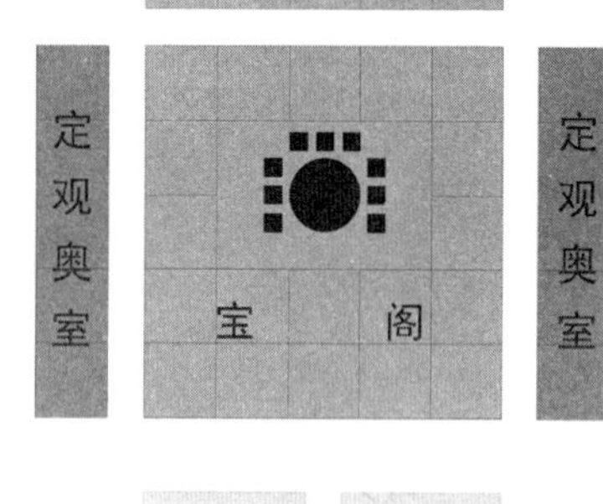

图11　从雅弥陀宝阁示意图

无亦无妨”，在这点上，介然更忠实于遵式之忏法，十六观堂中不设九品往生像。

不妨再比较一下《佛祖统纪》中的介然及从雅的两段传记，可以发现从雅传记中对宝阁一事未置一词，而介然一生几乎都是围绕十六观堂来表述，足见斯时释教评价中，明州十六观堂当被视为观堂建筑的重量之作，方有“东州之冠”之赞誉。

## 第五节　台净兼修与观堂建筑

中国佛教的净土宗，虽然自有所崇拜的教主阿弥陀佛，也有自己的净土理论以及仪轨，具备有完全的宗教形态，但是，净土宗缺乏一套组织，没有自己的僧团，所以一直没有独立[1]，一般而言，净土宗也没有专门的寺院[2]。而在宋代，专修净土的僧侣，除了省常及门徒、长芦宗赜等外，并不多见，主要是天台僧侣，部分禅僧以及律教僧侣兼修弥陀净土[3]。是故，历史上观堂类建筑的创设，没有出现在净土寺院中，也不是出于专修净土的僧侣之手，而是更多地与台净兼修的天台僧侣相关。在净土宗文集《乐邦文类》中，有关道场的文章原本就极少，难得的《澄江净土道场记》，开篇即为“天台凤师，学智者教，传于澄江。”可谓此般史实的文献写照。

### 一、观堂营建文献涉及的主要僧侣

1. 介然

创建明州延庆寺净土院十六观堂的僧侣介然[4]，其传记可见于南宋志磐著，成书于约咸淳五年（1269年）的《佛祖统纪》卷十五：法师介然，四明鄞人，受业福泉山之延寿。明智居南湖，从其学遂悟境观之旨。元丰

① 陈炯扬，《中国净土宗通史》，凤凰出版社，2008年，第319页。
② 杨倩描，《南宋宗教史》，人民出版社，2008年，第166页。
③ 圣凯，《中国佛教忏法研究》，宗教文化出版社，2004年，第351页。
④《延佑四明志》卷十六“教化十方七”，延庆教寺称“介法建十六室为禅观”，当误。

初，专修净业三载，期满谓同修慧观、仲章、宗悦曰：念佛，三昧往生要法也。乃然三指，誓建十六观堂，中设西方三圣殿，环以池莲。功成复然三指以报佛恩，于是修观之士，有所依托焉。建炎四年正月七日，金虏犯明州，寺众奔散，师独不去，虏奄至，诃之曰：不畏死耶。师曰：贫道一生愿力，建此观堂，今老矣，不忍舍去以求生也。虏酋义之，谓曰：为我归北地，作观堂似此规制。遂逼师以行。后人悲思，乃以去日为之忌（相传，正月五日，若依本朝通鉴，则云七日），而尊之曰定慧尊者，立像陪位于观室之隅。

此处较为详细地介绍了介然事迹，此后，《延佑四明志》卷十六也有“僧介然”条目。介然先受业福泉山延寿，而后入延庆寺明智中立门下，陈瓘记文中结尾提及明智中立对介然建造十六观堂多有帮助，斯时明智中立正主延庆寺。在师承上，介然是法智知礼的曾孙，为天台宗第二十代法嗣。建造十六观堂事迹，是介然最为重要，甚至可以说是惟一的佛学功绩[①]，在建造过程中介然倾注了大量的心血，介然不但构思了十六观堂的空间布局和建筑形态，而且虔诚之极不厌其烦，“抑闻介然愿心深切，当时一木一石，微至砖瓦，皆以大悲咒历历咒之，而后授匠者”[②]，令人赞叹。

2. 若讷

营建上天竺十六观堂的僧侣若讷，见载于《宋会要辑稿》“道释一”：乾道元年七月二十五日，诏：凡以雨暘，祈祷观音必获感应，上天竺住持僧若讷特补右街僧录。

其传记还见于《佛祖统纪》卷十七：法师若讷，字希言，嘉兴孙氏。初依竹菴于德藏，克志苦学，久而婴病，心叩大士口诵秘咒，梦大士灌以灵液，寤而失其疾。乃往赤城谒证悟，迁上竺命师首众，既没，诏师嗣居之。乾道三年春二月，驾幸上竺，展敬大士，问光明忏法

---

① 到元代元统癸酉年（1333年）左右，黄溍作《延庆寺观堂后记》时，行文“定慧尊者然公始辟其隙地，创弥陀忏院，庀工以元祐乙巳，讫事以元符己卯，忠肃陈公记焉。”可知然公创制、陈公记文仍历历如新。

② 见楼钥《上天竺讲寺十六观堂记》记文。

之旨，师答曰：梵释天帝四大天王，下临土宇护国护人，故佛为说金光明三昧之道，后世祖师立为忏法，以资诸天之威德，故帝王士庶皆可修持。上说，授右街僧录，既而诏于山中建十六观堂，仍放其制，作堂于大内。（后略）

根据《佛祖统纪》所列天台宗为中心的佛祖世系表，慧光若讷师承东山神照一系，神照本如为天台四明知礼法脉。上述传记中，若讷答圣上所问之光明忏，当为天台宗依据《金光明经》而行之忏悔之法，知礼、遵式都有相关忏法之论著。再据洪迈《上天竺讲寺碑》[①]所记："孝宗创于西北隅，启十六观……今皇帝又申永作天台教寺之旨，凡禅、律、贤首、慈恩异宗，勿得窥觎更易……"由此若讷所宗，不辨自明。

3. 仲卿、宗浩

据《嘉庆保国寺志》卷上"古迹·十六观堂"记载，"十六观堂，在法堂西，宋绍兴间，僧仲卿、宗浩同建。"同书卷下"先觉·公达大师"记载仲卿事迹："师本邑胡晟之子，仲卿其名也，字公达。丱岁礼存为师……复入延庆圆照[②]讲帷，领受天台三观之道……复率有力者，修盖弥陀阁、十六观堂。乃还受业院即保国寺，化导众缘，重建法堂五间，复与法侄宗浩，于院之西，叠石崇基，立净土观堂，凿池种莲……"

从参与人物、营建位置及建造时间看，保国寺中的十六观堂当即净土观堂。天启《慈溪县志》十一卷"仙释"中，有"仲乡"："邑之胡氏子，丱岁礼保国寺道从为师，受具足戒，教观克勤，后入延庆寺，行法华三昧，刺血书法华经四部，然二指以报国恩，绍兴六年十月，整衣端坐，奄然息绝，道俗追慕，以香泥庄严真体奉之。"

从二者姓氏、年代及出家履历等相同者甚多，且乡字繁体作"鄉"，传抄中易与"卿"互混，故《慈溪县志》中的仲乡当为仲卿之误。

---

① 此碑文参见《杭州上天竺讲寺记》卷九，此文以《上天竺讲寺碑》为题收录川大《全宋文》卷四九零二。

② 乾道《四明图经》卷十一，何泾《延庆院圆照法师塔铭》。圆照梵光（1064—1143），政和四年（1114年）受太守吕淙所请，入主延庆寺。

保国寺（时当称精进院）的十六观堂，亦为净土观想之所，设有水池种莲，与延庆寺十六观堂颇有相类处。此中，尚有三点值得注意：1. 保国寺僧仲卿入延庆寺圆照门下，为政和四年（1114年）后，斯时延庆寺内，十六观堂业已完工，并至少存续至延庆寺建炎初（1127年）烬于金兵[①]为止，故仲卿有可能参与二构"修盖"之事；2. 协助介然构思修建者，陈瓘记有仲章、宗悦二人，而保国寺建造十六观堂的仲卿、宗浩二人，前后两组人物之辈分次序相类；3. 延庆寺建筑或多为保国寺所写仿，如《嘉庆保国寺志》描述佛殿时，也提及"惟延庆殿式与之同"，这与当时的延庆寺与保国寺同属天台宗，且保国寺僧侣多有师承延庆寺者颇有关联。

要之，尝试类似建筑的从雅，创建明州十六观堂的介然，将十六观堂引入京城大刹的若讷，移植观堂的仲卿等，从他们的师承谱系、居停寺院的宗派属性以及主要行迹等方面来看，无疑都为天台宗僧侣。另外，在前述两浙观堂实例中，杭州天圣寺观堂、苏州北禅寺观堂、临海白莲寺十六观堂也可明确与天台宗有关。

## 二、台净兼修与观堂流播

根据佛教学者研究论断：较诸前朝，净土宗在宋代有一根本性的发展，形成了一个颇令人瞩目的净土文化运动。净土在宋代的勃兴与以天台宗为代表的教门有非常密切之关系。在宋代禅教竞争格局下，天台宗制度化地重建忏法等修行法门，并通过修忏法门这一中介将净土法门涵纳进天台宗，由此天台宗人开辟了"教演天台、行归净土"的宗门新体系。在宋代之前，净土宗作为一宗派的色彩并不浓厚，故并无定祖之说，亦谈不上传承体系。入宋后，天台将净土涵纳，对净土有一理论构建和谱系编撰的过程，南宋天台宗人石芝宗晓（1151—1214）对此贡献颇多。在"莲社继祖五大法师传"一文中，宗晓首次提出了净土宗传承

① 成化《宁波郡志》卷九《寺观考·鄞县·寺》之"延庆讲寺"条，收录有元代所作《重建佛殿记》。根据元代黄溍笔记等相关文献，净土院十六观堂并没有在建炎兵燹中焚毁。

谱系的概念。

活跃于四明地区的天台宗十七祖知礼大师，修行天台宗止观之法，同时亦重忏法，并将行忏与净土结社念佛结合起来，开拓了宋代天台宗对世俗社会的参与，对后世影响深远。知礼的师弟遵式于大中祥符八年（1015年）编撰了《往生净土忏愿仪》，更标志着净土系的礼忏及忏法仪轨在组织体系上的完成。嗣后，江浙地区开始出现了再现净土信仰经典的建筑空间探索，介然在天台宗核心寺院延庆寺创设十六观堂，并成为此类建筑的顶峰之作。

借助明州，以及天台核心寺院延庆寺之地利，加上介然的事迹以及陈瓘之宣扬，明州延庆寺十六观堂，成为此类建筑的代表，影响巨大。在前面提到的十四例观堂建筑中，就有三例与之密切相关。其一，根据楼钥《上天竺讲寺十六观堂记》所述："乾道三年二月驾幸此山，修供大士，赐缗钱二万，俾建此室，遂写延庆规模以为之"，表明上天竺讲寺十六观堂乃是写仿自延庆寺十六观堂；其二，楼氏又述禁中内观堂随后建设，根据《古今图书集成·释教部汇考》卷四所谓"敕建内观堂于禁中，一遵上竺制度"，则内观堂也与延庆寺十六观堂有间接关联；其三，宁波保国寺十六观堂，主持建造的仲卿等参与过延庆寺十六观堂的修盖，后返回保国寺，于法堂西侧建十六观堂及莲池。

而从前文观堂实例建筑年代来看，这类创立于明州的建筑新类型，在乾道年间受到都城大刹及内廷的写仿重视后，影响自当日隆，引起建造的高峰时期——12世纪中后期。

## 第六节　结论

明州延庆寺十六观堂，是天台宗僧侣介然，于1099年所创设的净土信仰建筑，包含有中央崇拜空间——宝阁，与围绕宝阁四周的禅观之所——"十六观"套间，其中十六观套间是为带观想之像的观想空间，类似早期禅修石窟。十六观围绕宝阁的布局，其格局类似如敦煌285窟等早期实物，也与敦煌石窟壁画中大量"观无量寿经变"所见，周边"十六观"禅观形象围绕中央净土庄严相的意匠相近，或反映了对《佛说观无量寿佛经》经典阐释中，建筑与绘画不同媒介那跨越时空的“殊途同归”。明州延庆寺十六观堂中，以经文中的“十六观想”命名套间，并且，其中室外莲池设置及宝阁内西方三圣庄严陈设、宝像丈六量度，皆有《佛说观无量寿佛经》经文为凭，其净土信仰属性至为明晰。

回溯六十几年之前，大中祥符八年（1015年），慈云遵式编撰了《往生净土忏愿仪》，标志着净土忏法定型，这是天台宗以忏法涵摄净土之体现。此后，天台僧侣开始有了净土信仰建筑的尝试，如钱塘从雅的弥陀宝阁，而后介然的努力结成硕果，结合天台宗重镇四明之威势，以及延庆寺之名望，加之有八年后的陈瓘记文等名篇之宣扬，延庆寺十六观堂深为斯时释教所景仰，这可视为天台僧侣在空间营建上对净土道场之涵摄。宋代天台僧侣，在台净兼修的潮流下，开辟了“教演天台、行归净土”的宗门新体系，相关营建史实上亦有观堂建筑之流播，尤其是在明州延庆寺十六观堂为杭州名刹所写仿，经朝廷赐钱建造后，相继有了12世纪中后期，相关营建的集中时段。据文献所载，大致可知有十四例相关的观堂类建筑，它们星列在天台宗盛行的两浙地区，恰与慈云遵式实践及推广忏法的弘法行踪有诸多重合，主要分布在围绕杭州湾的城镇之中。

十六观堂建筑是天台宗僧侣，涵摄净土法门过程的营建结果，其功能及空间格局独立来看，都原非新制，不过在新的台净兼修潮流下，兼有创见及牺牲魄力的虔诚僧侣，能够结合佛家经典及忏法仪轨，糅合起各种要素，营造出“东州之冠”的“胜绝之地”，这段历史，颇为值得吾人探寻。

## 参考文献

[1] 杨倩描．南宋宗教史．南宋史研究丛书．北京：人民出版社，2008.

[2] 傅熹年．中国古代的建筑画．文物，1998（03）：75-94.

[3] 王贵祥．唐总章二年诏建明堂的原状研究．建筑史，第22辑，2006年：34-57.

[4] 张十庆. 径山寺法堂复原研究. 文物，2007（03）：68-81.
[5]（日）宫治昭，著. 吐峪沟石窟壁画和禅观. 贺小萍，译. 上海：上海古籍出版社，2009.
[6] 巫鸿，著. 礼仪中的美术. 郑岩，等译. 上海：生活读书新知三联书店，2005.

# 下篇

# 佛教建筑与文化散议

# 第一议：天台宗早期佛寺选址与武德敕令浅析

在佛教建筑研究对象中，除了佛像陈设、殿阁配置、空间布局之外，佛寺选址与环境应当也是需要关注的要点。笔者在学习天台宗建筑的过程中，注意到了天台宗早期佛寺寺址多为山野环境，与唐初武德年间一则敕令之要求，颇有吻合之处。就此问题，草成笔记，略作浅显分析。

## 一、玉泉寺与天台寺的选址

根据《别传》智顗大师，天台宗的得名，实因开创该宗的智者大师住天台山之故。智者大师，即智顗（538—597），其事迹可见于时人柳顾言的《天台国清寺智者禅师碑文》，入门弟子灌顶《隋天台智者大师别传》，以及唐代道宣《续高僧传·智顗传》等文字；而部分智顗的佛教言论以及往来书信等，则保存于灌顶编撰的《国清百录》中。

依据以上基本史料，智顗在一生的弘法中，曾参与了诸多佛寺的营造，如灌顶的《隋天台智者大师别传》卷末，就引用铣法师所云：

（智者）大师所造有为功德。造寺三十六所。大藏经十五藏。亲手度僧一万四千余人。造栴檀金铜素画像八十万躯。传弟子三十二人。得法自行不可称数。

此与道宣所谓“顗东西垂范化通万里。所造大寺三十五所”相近。在这些寺院中，至少隋开皇十三年（593年）的荆州玉泉寺，以及隋开皇十七年（597年）的天台山国清寺这两座寺院，都是智顗亲力参与营建。在《国清百录》卷三，就收录有开皇十七年（597年）智顗圆寂之前写给晋王杨广的遗书，书中特别提请晋王护持上述两寺。

有智顗营建事迹的荆州玉泉寺①，今日仍存，位于湖北当阳城西南约12公里的玉泉山东麓，根据寺史所载，寺虽有兴废，而选址基本得于延续。与此类似，南宋嘉定《赤城志·寺观门二》"景德国清寺"条下称："（寺）在（天台）县北一十里。旧名天台，隋开皇十八年为僧智顗建。先是顗修禅于此，梦定光告曰：'寺若成，国即清'。大业中遂改名国清。李邕《记》所谓'应运题寺'是也。唐会昌中废。"现存的天台山国清寺主体建筑为清代雍正年间重修，现大雄宝殿后面约百米位置，很可能就是智顗初建的国清寺寺址，即八桂峰前山坡上。玉泉寺与国清寺在天台宗创立过程中，有着类似弘法基地的地位，而它们还有一个共同之处，都是位于远离城市的山地。

在陈宣帝太建七年（575年），智顗谢绝宣帝等人的挽留，与慧辩等二十余人，入天台山隐居，实修止观。而在此之前，智顗居留过许多寺院。根据佛教学者的研究，智顗在555年出家，并非完全在山野寺院中修行弘法，比如在金陵期间的569年，他被陈宣帝迎请到著名的瓦官寺、光宅寺等。

这次进入天台后，智顗先是在天台北峰创立伽蓝，栽植松栗，引入流泉。后又往寺北华顶峰，行头陀行，昼夜禅观，刻苦研修，坚决地践行着于"闲居静处"隐修。所谓"闲居静处"，是智顗在此次入天台山之前，在金陵弘法时，所提出隐修基本条件其一。他说到：

闲者，不作众事，名之为闲；无愦闹故，名之为静。此有三处可修禅定。一者深山绝人之处；二者头陀兰若之处，离于聚落，极近二里，此放牧声绝，无诸愦闹；三者远白衣舍处，清净伽监之中。皆闲居静处也。（隋·智顗：《释禅波罗蜜次第法门》卷二，见《大正藏》卷四六）

类似天台避居的考虑，也来自智顗在金陵期间对弘法效果的反思：

① 开皇十二年（592年），他先重返庐山，后又去潭州（今湖南湘潭）、南岳，最后来到故乡荆州。开皇十三年（593年），为"答生地恩"，智顗在家乡当阳县玉泉山建立寺庙，隋文帝闻知，敕赐寺额，先赐号"一音"，后改赐"玉泉"。这玉泉寺便成为智顗在荆州大开讲席的基地，在此后的两年时间里，智顗于玉泉寺完成《法华玄义》和《摩诃止观》的讲述。至此，"天台三大部"宣告完成，天台宗的宗教哲学理论体系得以完善。

初，瓦官四十人共坐，二十人得法。次年，百余人共坐，二十人得法。次年，二百人共坐，减十人得法。其后徒众转多，得法转少，妨我自行化道。可知群贤各随所安，吾欲从吾志。蒋山过近，非避喧之处。（见《别传》）

## 二、智顗之前的山寺概况

从东汉汉明帝佛教初传，到智顗营建玉泉寺之间的将近550年间，已经出现了众多的寺院，见载于历代文献。佛教建筑研究专家王贵祥老师，长期致力于此项工作，分别整理发表了《佛教初传至西晋末十六国时期佛寺建筑概说》等系列文章，也成为我们粗略了解早期山寺营建情况的可贵索引。

在佛教初传至西晋末之间的佛寺选址方面，与选址相关的有以下两条资料值得注意，首先是见于唐代《法苑珠林》卷十八，"帝（汉明帝）然可之，遂立十寺，七寺城外安僧，三寺城内安尼。后遂广兴佛法，立寺转多，迄至于今。"其次据《晋书》卷109载，"（前燕慕容皝）时有黑龙、白龙各一，见于龙山，皝亲率群僚观之，去龙二百余步，祭以太牢。二龙交首肆翔，皝大悦，还宫，赦其境内，号新宫曰和龙，立龙翔佛寺于山上。"这两条难得谈到选址的资料，前者估计是出于安全管理的需求，后者则是因为祥瑞事件而建寺山顶，似乎不算是对城市、山地区别对待的结果。

而东晋及南朝的情况则有所不同，已然可以看到对山野、山林的向往，以及对佛寺营建的影响了。王贵祥老师在《东晋及南朝时期南方佛寺建筑概说》一文中，注意到：

自西晋末十六国时期的中国佛教，出现了一个有趣的趋势，就是僧徒们为了躲避战乱，往往会逃往一些偏僻的山林之中，于是一些山中寺院开始形成，如在石赵时期的北方燕赵地区，释道安在避乱过程中曾到过的太行山、王屋山、女休山与飞龙山，可能就是北方山寺的较早雏形，而由佛图澄的弟子僧朗在山东泰山开辟的寺院，则是北方地区主动开展山寺建设的一个典型例子。

东晋与南朝时期的中国南方，山寺的建造变得更为常见。在南方地区的秀美山林中，出现了一批重要的山地寺院聚集区，其中一些山寺也成为后世颇有影响的名山大寺的所在地。然而，值得注意的一点是，南方山寺的产生原因，似乎并非是为了躲避战乱，而是佛教僧徒受到士大夫隐居思潮等影响的一种主动选择。

在王老师的系列研究所列举的寺院名录中，似乎给人以城市寺院居多的印象，其中也兼有部分山野或山林中的寺院。而有意思的是，早期文献中对两种寺院的描述，似乎没有明确的区分和强调，也就更不会有太多有关选址理念的阐述了，直到东晋、南朝时段，才有了主动选址的现象。

## 三、武德敕令

在《旧唐书》卷一，武德九年，夏五月辛巳，以京师寺观不甚清净，诏曰：

释迦阐教，清净为先，远离尘垢，断除贪欲。所以弘宣胜业，修植善根，开导愚迷，津梁品庶。是以敷演经教，检约学徒，调忏身心，舍诸染着，衣服饮食，咸资四辈。

自觉王迁谢，像法流行，末代陵迟，渐以亏滥。乃有猥贱之侣，规自尊高；浮惰之人，苟避徭役。妄为剃度，托号出家，嗜欲无厌，营求不息。出入闾里，周旋阛阓，驱策田产，聚积货物。耕织为生，估贩成业，事同编户，迹等齐人。进违戒律之文，退无礼典之训。至乃亲行劫掠，躬自穿窬，造作妖讹，交通豪猾。每罹宪网，自陷重刑，黩乱真如，倾毁妙法。譬兹稂莠，有秽嘉苗；类彼淤泥，混夫清水。又伽蓝之地，本曰净居，栖心之所，理尚幽寂。近代以来，多立寺舍，不求闲旷之境，唯趋喧杂之方。缮采崎岖，栋宇殊拓，错舛隐匿，诱纳奸邪。或有接延鄽邸，邻近屠酤，埃尘满室，膻腥盈道。徒长轻慢之心，有亏崇敬之义。且老氏垂化，实贵冲虚，养志无为，遗情物外。全真守一，是谓玄门，驱驰世务，尤乖宗旨。

朕膺期驭宇，兴隆教法，志思利益，情在护持。欲使玉石区分，薰莸有辨，长存妙道，永固福田，正本澄源，宜从沙汰。诸僧、尼、道士、女寇等，有精勤练行、守戒律者，并令大寺观居住，给衣食，勿令乏短。其不能精进、戒行有阙、不堪供养者，并令罢遣，各还桑梓。所司明为条式，务依法教，违制之事，悉宜停断。京城留寺三所，观二所。其余天下诸州，各留一所。余悉罢之。

考虑该文献的完整，特参考《二十四史全译》，全文译文：

释迦牟尼阐述教义，以清净为首，要远离尘埃污垢，断除贪心情欲。以此来弘扬传播佛法，培养植立行善的本性，开导愚昧迷惑之人，引渡世俗之众。因此铺陈论说佛经教义，检查约束学徒，调养忏悔身心，割舍各种欲念俗物，衣服饮食，全靠四方众人。

自释迦牟尼佛逝世，佛法流行，末代衰落，渐渐失真伪滥。竟有卑贱的僧侣，谋求自我尊高；轻浮懒惰的小人，蒙混躲避徭役。假装剃发，托名出家，嗜好欲望永不满足，经营求财从不停止。出入于街道乡里，周旋在闹市商场，经营田产，聚积货物。耕种纺织作为生计，贩货买卖成为行业，做事如同俗民，行迹等于百姓。进前途背戒律条文，退后小遵礼典训令，甚至于亲自抢劫掠夺，自身翻墙偷盗，制造妖邪谣言，勾结豪强奸猾。每每遭受刑罚，自已被处重刑，亵渎扰乱佛教真义，歪曲毁坏妙法。譬如这害禾的杂草，好苗遭荒芜；类似那沉积的污泥，清水被混浊。又寺院之地，本来就是清净之居，栖心之处，理应崇尚幽寂。近代以来，多立寺院，不求闲旷的处所，只趋向喧杂的地方。装饰彩绘非常奇丽，梁栋屋宇特别宽阔，安置杂居隐匿之徒，引诱收容奸邪之人。甚或有连接集市旅舍，邻近屠场酒店，庐埃满室，膻腥满路。只能增长轻慢之心，实有损崇敬之义。况且老氏垂示教化，本贵淡泊虚静，涵养志趣求无为，遗忘情意于物外。全真守一，这叫玄门，奔走效力世务，尤其违背宗旨。

朕承受天命统治天下，兴隆昌盛教义，志思利益，情在护持。要使玉石区分，香臭有别，长久保存妙道，永远坚持善行，正本清源，应该有所淘汰。凡僧人、尼姑、道士、女道士等，有专心勤奋修行、遵守戒律的，一律使在大佛寺道观居住，供给衣食，不要使有短缺。那些不能精心进取、戒行有缺、不可供养的，一律使作罢遣散，各回故乡。有关部门明确订出条规，务必依照法规教义，违背制度的事情，全应停止断绝。京城留佛寺三处，道观二处。其余天下各州，各留一处。以外的全部取消。

从武德敕令可以看到，认为选址于“闲旷的处所”才是寺院应有之义。这更多是政治上管理的考虑，从行文上可以直接感受到李渊对佛教的抑制。在唐朝初年，反佛的主要有大臣傅奕，他是李渊做隋朝地方官时好友，李渊建立唐朝后任命他为太史令。在武德七年（624年），傅奕认为佛教宣传的是“不忠不孝”的思想，迷惑百姓，请求灭佛，并倡导通过儒家忠孝思想来巩固国家，这对一个新政权尤为有用。同时减少寺院与僧侣数量，也是行政管理体系与宗教之间就人口、土地等资源争夺的体现。然而正如敕令文字后的“事竟不成”，这场政治博弈中，由于玄武门事变的发生，使得佛教为主的宗教影响，并没有被这一道敕令所抹灭。

## 四、结语

天台宗智顗投入巨大心力营建的玉泉寺、天台寺，都位于远离喧嚣的山野之地，这主要是智顗出于禅修需求的选择。武德敕令中所反映的限制城市佛寺数量、鼓励佛寺远离喧杂，却更多的是政治博弈的考虑。而根据学者整理的东汉到东晋年间的寺院资料，可以看到寺院分布似乎有城市居多、亦处乡野的特点，并且还没有针对两种选址的严肃思辨和倾向。那么，我们如果将类似的节点都整理清晰，是否能够针对佛寺选址历史变迁有所发现，从而完善有关佛教建筑在寺院环境层面的研究？笔者对此充满期待。

# 第二议：历史深处的明州十六观堂

## ——从《全宋文》遗文一则谈起

四川大学古籍所编撰《全宋文》，嘉惠学林，功德无量，已成学界研究宋代文化不可忽视之宝山。宋人陈瓘（1057—1124），是斯时重要文人之一，著述丰富，川大《全宋文》中就收录了陈氏121篇文章。不过，陈瓘谪居明州（今宁波）之际，有一篇颇为重要的记文——《延庆寺净土院记》却未见收录，不知何故？鉴于该记文对佛教史、建筑史的价值，而且与《全宋文》中楼钥等人记文的关联性，故略作梳理，谨供诸方家参看。

### 一、陈瓘作《延庆寺净土院记》

谈论陈瓘的这篇记文，我们先了解一下这篇记文所撰写的中心——明州延庆寺十六观堂。宋代明州，文化昌盛，尤其是佛教天台宗极为发达，名僧辈出，建树不凡，十六观堂就是当时僧侣介然所创建的独特建筑。目前所得，宋人有关明州延庆寺十六观堂的文献，主要有以下几种：陈瓘的《延庆寺净土院记》、楼钥的《上天竺讲寺十六观堂记》、清哲的《延庆重修净土院记》[1]，皆是对十六观堂较为具体之描述。而历代有关此十六观堂事迹的零星记录，既见载于地方志书中，如宋代《宝庆四明志》卷十一“教院四・延庆寺”，元代《延佑四明志》卷十六“教化十方・延庆寺”，明代《宁波郡志》卷九“延庆讲寺”中都提及寺中的十六观堂；同时也

---

① 陈瓘《延庆寺净土院记》见载于《乾道四明图经》卷十（咸丰年间烟屿楼校本），该文亦以《南湖净土院记》题名见载于《佛祖统纪》卷四十九（大正藏），因延庆寺位居明州南湖，文献常见以南湖指代延庆寺，该文未见收录于四川大学之《全宋文》中。楼钥的《上天竺讲寺十六观堂记》，见载于《中国佛寺史志汇刊・杭州上天竺讲寺志》卷七、《咸淳临安志》卷八十、四川大学《全宋文》卷五九七一，但不见于《四部丛刊集部・攻媿集》中。清哲的《延庆重修净土院记》见载《乐邦文类》（大正藏第1969），亦收录于《全宋文》卷五三九二。

见诸文人文集中，如宋人楼钥《攻媿集》卷一百五“太孺人蒋氏墓志铭”者，以及释教史籍中，如《佛祖统纪》卷十四“中立”条目者[①]。

以上文献中，以陈瓘的《延庆寺净土院记》最具影响，记中自述作于大观元年（1107年），在随后时间，该文多见地方志书收录或提及，同时也为嗣后文人引用，下面依前后次序做简略梳理。乾道五年（1169年）之前编的《四明图经》卷十就收录了全文，同书还收录有陈氏另外的《开元寺观音记》、《智觉禅师真赞并序》等文章，以及《次韵袁朝请陪太守游湖心寺》等诗作。庆元庚申年间，石芝宗晓编撰《乐邦文类》五卷，卷三也收有陈瓘的《延庆寺净土院记》。嘉定改元（1208年），楼钥（1137—1213）作《上天竺讲寺十六观堂记》中，亦提及陈氏之记。宝庆年间（1225～1227年）编撰《宝庆四明志》是为目前所见，最早收录延庆寺条目的地方文献，其条目内容亦多为与陈文所述相重合者，而在同书卷八“林暐”条，提及“大观中，忠肃公陈瓘寓居于鄞，暐独厚之，虽其徒谪他所，问遗常不绝”[②]，很是重要。忠肃公陈瓘，字莹中，号了翁或了斋，其生平大致事迹，可以通过《宋史》卷三百四十五所列其传，以及陈氏故乡南剑州，于乾隆时期编撰的《延平府志》中所记录之其人其事，得于了解概观，而《宝庆四明志》更使我们明确陈瓘曾在建炎（1127～1130年）之前，留居过明州[③]。此外，咸淳五年（1269年）左右志磐所著释教史籍《佛祖统纪》中，也收录陈瓘的多篇文章，除易名为《南湖净土院记》的《延庆寺净土院记》外，另有《止观坐禅法要记》、《三千有门颂》、《与明智法师书》等篇[④]。此后，《延佑四明志》卷十六收录陈瓘的《延庆寺净土院记》，题作“净土院记”，成化年间（1465～1487年）的《宁波郡志》卷九和《敬止录》卷二十六也都收录有陈氏该记文。

---

①《佛祖统纪》卷十四，“师（即明智中立）令门徒介然。始作十六观室。以延净业之士。”

②《宝庆四明志》所引条目，既可见于国家图书馆所藏宝庆年间宋刻本，也可见清代咸丰年间烟屿楼校本。

③ 陈瓘被贬四明，还可证于鄞县人史浩（1106—1194）所作《跋陈忠肃公谢表稿》之“备闻（忠肃）公之贬四明者”。

④ 此三篇似也为川大《全宋文》所漏收，不见于《全宋文》卷二七八二至二七八五陈瓘著录之下。

就以上诸多记录来看，陈氏该记文的传承脉络较为清晰，前后传抄之内容亦基本相合；而陈氏书写记文一事，时间上与其留居明州期间相合，未见明显抵牾。今人从陈瓘存世至今的诸多文字中，似乎可睹见这位深谙佛法，与释教中人颇为投缘的长者，失意明州之际，悠游于寺院的历史身影。如此，大德年间（1298~1307年）元人陈宣子在整理的《陈了翁年谱》中，所录的陈氏在崇宁五年（1106年）到大观四年（1110年）期间尝长期谪居于明州事，以及年谱中所述“大观元年八月一日作明州延庆寺净土院记”事，皆可视作史实。

进而，结合释子清哲写于乾道五年（1169年）的《延庆重修净土院记》，其中所记载的重修十六观堂的事迹，以及熟悉明州同时也了解陈瓘的明州人楼钥，在其所作《太孺人蒋氏墓志铭》中描述的“延庆寺有十六观堂”，加之相关地方志书、释教史籍等旁证记录来看，我们可以确认，在明州延庆寺的净土院中，曾经存在过一座被称为十六观堂的寺院建筑，陈氏记文即是介绍该建筑之营建事迹。

## 二、延庆寺确有十六观堂

根据历代地方文献所记载，延庆寺位于明州子城东南隅日湖之中，北周广顺三年（953年）创建，当时名为报（保）恩院，到大中祥符三年（1010年）改名延庆，建炎四年（1130年）寺院主体遭受兵燹，重建后于绍兴十四年（1144年）获赐教额。嘉定十三年（1220年）后不久寺院又遭火劫，宝庆三年（1228年）史氏重建[①]。至元二十六年（1289年）又火，僧善良重建，泰定元年（1324年）火毁，至顺三年（1332年）复建。明清时期的延庆寺亦多见修建记录，然与本书关联较浅，此处不赘。

需要注意的是，在延庆寺的存废过程中，偏居寺院西北隙地的十六观堂，有时候却能在上述某些灾祸中得于保全，其兴衰周期并非完全与延庆寺主要建筑同步。据陈瓘所记，十六观堂筹划于元丰间，最终历时七载，

---

① 根据《宁波郡志》卷九以及《敬止录》卷二十六所见之《重建佛殿记》，延庆寺主佛殿在建炎灾后，一直未能复建，要到至正丁亥（1347年）方告功成。《重建佛殿记》为元末明初所作，昙噩似为李修生编《全元文》漏收作者。

建成于元符二年（1099年）。据《嘉庆保国寺志》卷下“先觉”，“公达大师”：

“遂入延庆圆照讲帏，领受天台三观之道……刺血写莲经四部，然二指供佛，复率有力者，修盖弥陀阁、十六观堂。乃还受业院，即保国寺。”

表明在圆照梵光主延庆期间，十六观堂曾有一次修盖，时间当在政和四年（1114年）梵光入主延庆之后[①]，及绍兴六年（1136年）仲卿圆寂之前。据清哲乾道五年（1169年）所记，从绍兴丁丑始的四年间（1157～1160年），曾修整净土堂，正可与楼钥所记“建炎兵燹，城郭焚荡，寺亦不存，独所谓净土院者，至今坚致如故”相互印证[②]，表明净土院曾在建炎兵燹中得于保全，留存至嘉定改元（1208年）。但是在嘉定庚辰（1220年），“寺以灾毁，院竟莫能独存”，不过在宝庆丁亥（1227年）“乃复于旧”，释居简（1164—1246）的《延庆观堂翻盖疏》[③]可能即为此次修盖所作。入元以来，观堂在至元己丑（1289年）灾，元贞乙未（1295年）重构，有关此次重修，亦有袁桷（1266—1327）的《南湖重修十六观疏》留世，且仍称之十六观[④]。嗣后，该构因守者不戒于火，又于泰定甲子（1324年）秋九月废为瓦砾之区。次年，石泉洽公始谋划于此建西方殿，另有袁桷所作《送洽师归吴序》亦及此事，到至顺壬申（1332年）四月殿

---

① 梵光入主延庆时间，参见《佛祖统纪》卷十五。

② 根据《佛祖统纪》之“介然”传记，在建炎战乱后，信众曾经塑介然像于观室之隅，亦佐证斯时观堂幸存自建炎兵燹。

③ 释居简此疏见载《北磵集》卷九，川大《全宋文》有收录。根据商逸卿嘉定五年所作《真如教院华严阁记》中的“戒月谓未尝持疏登入门，特以讲说所得，亲施不为己有”，可知此类疏文或为募捐之用。

④ 文中“介然比丘，肇化境于此地；十六观室，炯银树之光明”所指明晰。原文见李修生编《全元文》卷七一四。

成[1]，至此，那座独特的十六观堂建筑，连同室内原有庄严，才确定地从延庆寺消失了。可以说，陈瓘记文成为我们寻找复原这座建筑的关键记录了。

这座建筑“构屋六十余间，中建宝阁，立丈六弥陀之身，夹以观音、势至。环为十有六室，室各两间：外列三圣之像、内为禅观之所。殿临池水，水生莲华。”而外环的十六间禅观之所，分别根据十六观想来命名，故称为十六观堂。十六观堂是佛教艺术史上极为独特的建筑，它以空间营造方式再现了佛教经典，前所未有；而后，随着宋代佛教史台净兼修的潮流流播多地，在杭州湾沿岸地区留下了十几座观堂类建筑，在12世纪左右更是传入临安及内廷。可以说，观堂建筑是宋代浙江的天台宗僧侣、建筑工匠们合作完成的，对佛教艺术史的不朽贡献，其历史光芒不应被时光一直掩盖着。

## 三、楼钥与陈瓘

楼钥（1137—1213）同为宋代重要学者，川大《全宋文》中录有楼氏文章2300篇。其中卷二六五收录有《上天竺讲寺十六观堂记》。该记文是应上天竺住持僧若讷之请所作，描述了上天竺建造十六观堂的缘由。若讷是南宋名僧，相关事迹可见于《宋会要辑稿·道释一》，若讷同时还请李纲撰写过《上天竺天台教寺十六观堂碑》，碑文曰：

“乾道元年二月，主持若讷，宣对称旨……四月复进左街上竺录僧事始此，特赐御币、金帛，鼎建十六观堂，以为止观之所，极其弘丽。”

而在楼钥的记文中，先是以四明人身份将延庆寺评为明州东南最胜处来开篇落笔，随后提及自己曾经读过陈瓘的《净土院记》，且大段引

---

① 黄溍《延庆寺观堂后记》所载甚详，记文结尾提及西方殿于至顺壬申（1332年）夏落成后，元统癸酉又建大悲阁，同时禅观之所、护法之祠以次落成。表明禅观之所可能另有安置，而介然所创观堂原址，已成西方殿。黄氏记文中涉及的洽师等事迹，亦见诸袁桷（1266—1327）的《送洽师归吴序》文字。当时因四明旱疫无法筹集修建资金，洽师准备返回吴地故乡化缘，袁氏作该序送行。黄溍记文参看《金华黄先生文集》卷十一，以及李修生编《全元文》卷九五四；袁桷序文参看李修生编《全元文》卷七一六。此外，李修生编《全元文》卷七四五收录韩性《延庆寺起信阁记》，所记延庆寺于1333年修建之信阁，应当是在寺院原中央位置。

用了陈文，同时，楼钥在记文中还对陈氏的佛学造诣颇为钦佩。此外，在川大《全宋文》卷五九五二，录有楼钥所作《跋陈忠肃公表稿》，而在《佛祖统纪》所引《与明智法师书》后，还附有庆元二年（1196年）楼钥所写的叹服陈瓘“学佛得力岂易测哉”之评价。这些记录说明楼钥还是了解并相当尊重陈瓘，并推崇陈氏的佛学思考。楼钥所推崇的《延庆寺净土院记》，于当时儒林当颇有影响，辗转抄录，故能延续不失，而蕴涵的士人与释教之交涉，以及士人思想之相互影响，当为思想史及佛教史等研究之重要素材[①]。

## 四、佛教史与思想史的吉光片羽

两宋时期，是中华文化的昌盛时代，佛教史上天台宗迎来了新盛期，思想史上的儒、佛、道三家相互交会也正深入发展[②]，而陈瓘记文正是此壮阔时代的可贵见证。

在宋代禅教竞争格局下，天台宗制度化地重建忏法等修行法门，并通过修忏法门这一中介将净土法门涵纳进天台宗，由此天台宗人开辟了“教演天台、行归净土”的宗门新体系。以江浙一带为中心的台宗僧侣，在进行净土宗宗派的理论构建和谱系编撰的同时，也在空间营建方面有所行动。创建明州延庆寺十六观堂的僧侣介然[③]，根据南宋志磐所著，成书于约咸淳五年的《佛祖统纪》卷十五所载：

法师介然，四明鄞人，受业福泉山之延寿。明智居南湖，从其学遂悟境观之旨。元丰初，专修净业三载，期满谓同修慧观、仲章、宗悦曰：念佛，三昧往生要法也。乃然三指，誓建十六观堂，中设西方三圣殿，环以池莲。功成复然三指以报佛恩，于是修观之士，有所依托焉。

以及《延佑四明志》卷十六也有“僧介然”条目可知：介然先受业福泉山延寿，而后入延庆寺明智中立门下，在师承上，介然正是法智知礼的

---

① 这也对文献整理研究者提出思想史及佛教史等方面的要求，比如川大《全宋文》卷，楼钥《上天竺讲寺十六观堂记》中，断句作“……夹以观音，势至环为十有六室”，当为“……观音、势至，环为十有六室”更合乎佛教用语。

② 赖永海主编，中国佛教通史·第九卷，第16页，江苏人民出版社，南京，2010年。

③《延佑四明志》卷十六“教化十方七”，延庆教寺称“介法建十六室为禅观”，当误。

曾孙，为天台宗第二十代法嗣，而建造行净土信仰的十六观堂事迹，是介然最为重要，甚至可以说是惟一的佛学功绩[①]。对于已湮灭近七百年、在台净兼修潮流下创建的宏伟建筑，陈瓘记文已然成为追寻此佛学思潮的重要文献。

在记文后段，陈瓘阐述了对净土的理解[②]，并总结到："得者不由于识受，昧者安可以情晓，超识习而不惑，度情尘而独造者，其唯诚乎"，不由使人想到儒家经典《中庸》对"明诚"的强调。对比陈瓘宣和初年（1119年）奏议："儒与释迹异而道同，不善用者用其迹……善用者用其心……用其心则通，通则无得而议也。"[③]其中所表达的思想取径，引佛入儒不言而喻。有意思的是，于佛学领域，陈瓘亦博采众宗派之长，对华严宗、天台、禅及净土皆有涉猎，并多有著述。而兼谈"止观"、"净土"的十六观堂记文，正是其学术思想的恰当印证，同时也是理解宋代思想界三教合流、援佛、道入儒学等思想意趣的切入点之一，所谓见微识著，或即如此。

## 五、结语

宋人陈瓘的《延庆寺净土院记》，是其谪居明州期间，所作有关明州延庆寺十六观堂的记文，表达当时士人对净土信仰的思考。该文堪称陈氏经典，常为后来学者引用或提及，经由数百年抄录而不曾遗失，却不见收录川大《全宋文》，由此对陈瓘、介然等精进事迹，及后来楼氏等记文的理解，都易有所缺环，惜乎！而作为宋代时期，先民于佛教艺术的伟大创作，浙江历史记忆及荣光的片段，十六观堂或当从历史深处被唤醒与认识，使其所蕴含的创新、勇气、科学价值等，在倡导传统的当下发挥更多的社会作用。

---

① 到元代元统癸酉年（1333年）左右，黄溍作《延庆寺观堂后记》时，行文"定慧尊者然公始辟其隙地，创弥陀忏院，庀工以元祐乙巳，讫事以元符己卯，忠肃陈公记焉。"可知然公创制、陈公记文仍历历如新。

② 见陈扬炯著，《中国净土宗通史》，420页，凤凰出版社，南京，2008年。

③ 见《佛法金汤编》卷一三，转引自潘桂明著，中国居士佛教史，511页，中国社会科学出版社，北京，2000年。

## 参考文献

[1] 四川大学古籍研究所. 全宋文. 上海：上海辞书出版社等，2006.

[2] 曾枣庄.《全宋文》编撰补记. 中国典籍与文化，1994（02）.

[3] 李文泽. 浅议《全宋文》编撰的得失. 文献，1999（01）.

[4] 李懿. 中华本《永乐大典》陈瓘诗文辑考. 古籍整理研究学刊，2012（03）.

[5] 高王忠. 绍兴舜王庙会：灵魂深处的舜王记忆. 浙江档案，2013（06）.

[6] 罗时进. 明清江南文化型社会的构成. 浙江师范大学学报（社科版），2009（05）.

# 第三议：十六观的艺术表现
## ——从雕刻、绘画到建筑

十六观，即十六观法，出自《观无量寿佛经》。据经文所载，韦提希夫人愿生西方极乐世界，兼欲未来世之众生往生，请佛世尊说其所修之法，故佛说此十六种之观门：一、日想观，二、水想观，三、地想观，四、宝树观，五、八功德水想观，六、总想观，七、华座想观，八、像想观，九、佛真身想观，十、观世音想观，十一、大势至想观，十二、普想观，十三、杂想观，十四、上辈上生观，十五、中辈中生观，十六、下辈下生观。[①]此十六观法，历来深受高僧前辈重视，慧远、智顗、善导等都有注疏，深加探讨并惠泽后世，同时也是佛教艺术的重要题材，古人通过雕刻、绘画乃至营造手段，创作了丰富的艺术表现形式。

### 一、禅观窟中的十六观雕刻

坐禅冥想是佛教出家者最重要的修行之一。在佛教建筑发展初期，用于禅修的修行空间，即已有之[②]，并有少量珍贵实物留存至今。其中，安阳小南海石窟的中窟，为目前所知最早的禅观窟[③]，嗣后类似的禅观窟还可见于吐峪沟石窟[④]等，而十六观想的早期艺术表达即出现于此类禅

① 参见《佛说无量寿佛经》，大正新修《大藏经》。

② 印度的毗诃罗石窟甚多，如在阿旃陀的二十六窟就有二十二处毗诃罗窟，主要供小乘禅僧修行坐禅之用。这类禅定用的毗诃罗窟在中国遗存不多，只在敦煌及新疆有一些遗存。敦煌的毗诃罗窟也只有三处：一处是可能开凿于十六国晚期的第267～271窟、一处是北魏第487窟、一处是西魏晚期第285窟。参见萧默《敦煌莫高窟的洞窟形制》，见载《中国石窟·敦煌莫高窟》第二卷第192页。

③ 颜娟英，《北齐禅观像图像考》，见邢义田等主编，《台湾学者中国史研究论丛·美术与考古·下》，中国大百科全书出版社，2005年，第500页。

④（日）宫治昭 著，贺小萍 译，《吐峪沟石窟壁画和禅观》，上海古籍出版社，2009年，第43页，其中图像及题记有涉及"第四观"者。另同书第118页提及该窟壁画绘制年代当在曲氏高昌后半期的6～7世纪中叶。

观窟。

小南海石窟的中窟，开凿于550～556年，为单门小窟，窟内进深约1.4米，面阔约1.2米，高约1.8米，仅能容人坐禅。在中窟西壁上部，有浮雕带八榜题，其中“五百宝楼”、“七宝□□树”、“八功德水”，形容净土之庄严，同时也是前述观想西方净土法的第四、五、六观；而“上品往生”、“上品中生”、“上品下生”等则为第十四到第十六观的九品往生。而同壁其他未带榜题的石刻，经李裕群先生考订，与上述带榜题者，实乃共同构成一副完整的十六观经变画，而这也是目前国内发现最早的石刻十六观题材。此时的十六观（西壁），与释迦佛（正壁）、弥勒佛（东壁），均是禅观的主要内容之一，正与禅观窟的性质相合①。此时的十六观，更多作为一种修行方式得于表达。

## 二、敦煌壁画中的十六观

南北朝以后，表现十六观的图像最为集中的无疑是敦煌石窟了。从较早的第431窟（初唐）西壁壁画肇端，延绵至五代及宋，共计约有九十铺观无量寿经变②，其中绝大多数都附有表达十六观的图像③。

根据敦煌研究者整理，敦煌石窟中可见的观无量寿经变主要有三种形式：其中有1座窟用长卷式、64座窟用向心式以及16座窟用屏风式。而在向心式构图中，尤以对称中堂式实例最多，即中间为净土庄严相④，左右各为一分别画有十六观和未生怨的条幅。共有45座窟采用这样的构图，另外左右条幅皆画十六观想的有5座窟中可见⑤。可见，主尊、十六观、未生怨分为三部分，且将十六观围绕净土庄严主像配置，可谓观无量寿经变

① 李裕群，《关于安阳小南海石窟的几个问题》，燕京学报，1999年新六期，第14页。
② 孙修身，敦煌石窟中的《观无量寿经变相》，《1987年敦煌石窟研究国际研讨会文集·石窟考古编》，辽宁美术出版社，1990年，215页。另有敦煌遗画、画稿数幅。
③ 沙武田，《观无量寿经变稿》，敦煌研究，2000年第4期，76页。
④ 有学者以“说法图”命名之。
⑤ 参见《敦煌石窟全集·阿弥陀经画卷》第261页附录《敦煌观无量寿经变主要形式一览表》。

的主要构图式样[1]，十六观是经变的重要构成。此类构图，重视《观无量寿佛经》中往生净土[2]与十六观想的整体性，强调十六观想围绕弥陀净土庄严展开的意匠。在敦煌的其他经变画中，也有见到类似的三段围绕式构图，比如，东方药师净土变中的药师净土国及十二大愿、九横死[3]，以及报恩经变的说法图及两侧经品故事[4]等。不过，就所依凭经文的意义看，类似十六观为精神修炼的各个阶段、净土世界为精神修炼的目的地，二者紧密之关联，与这些由各个经品或情节汇聚而成的松散结构之经变差异甚大[5]，这也是观无量寿经变题材与构图定型的重要因素。正如巫鸿所描述的那样[6]：（中心画面）其所表现的是韦提希或任何虔诚的信仰者“观想”的结果——目睹阿弥陀和他的净土。这一从“（十六）观想”到弥陀天国的延续，由于韦提希最终观想天国而得于实现。

敦煌壁画中的十六观图像，往往是作为观无量寿经变相的重要构成，表达了达成往生净土目标的修行途径，构图上也多呈现对中心画面（说法图）的烘托。

## 三、十六观的建筑空间表达

除上述以雕刻及绘画表达十六观想，且为研究者所熟知者外，宋代更有僧侣通过建筑空间营造来表现十六观想，创作了独特的建筑——

① 李刈，《敦煌壁画中的〈天请问经变相〉》，《敦煌研究》1991年第1期。“至于在主体经变画两侧各画一条幅的构图形式，则是‘观无量寿经变’的基本构图形式。‘观无量寿经变’至盛唐定型而形成三个固定部分：中间是西方净土，两侧是对联式的立幅画，分别画‘未生怨’和‘十六观’。”

② 我们注意到，在中唐敦煌榆林窟25窟南壁的宝池中，绘有坐莲花而生的化生童子像，或许表明往生作为中央净土庄严像的构成之一。见《敦煌石窟全集·阿弥陀经画卷》第210页。此外，同书其他经变图中，还可看到有的莲花上坐有菩萨，这也可能是“化生”后即成菩萨者。参见《敦煌学大辞典》第119页。

③ 罗华庆，《敦煌壁画中的〈东方药师净土变〉》，《敦煌研究》1989年第2期。

④ 李永宁，《报恩经和莫高窟壁画报恩经变》，见《中国石窟·敦煌莫高窟》第四卷，第190页。敦煌27铺报恩经变中，选绘经品时有不同，且构图形式有五种类型，概因各品之间没有紧密关联性。

⑤ 巫鸿，《敦煌172窟〈观无量寿经变〉及其宗教、礼仪和美术的关系》，《礼仪中的美术·下卷》，三联书店，2005年，第361页。巫鸿注意到了敦煌石窟中的一些经变，中央偶像周围或两侧的叙事性故事之间，很少有联系紧密的叙事结构。

⑥ 巫鸿，同上注，第408页。

十六观堂。

根据宋人陈瓘（1057—1124）于大观元年（1107年）所作《延庆寺净土院记》，以及清哲写于乾道五年（1169年）的《延庆重修净土院记》等文献，可知在明州（今宁波）延庆寺内，于元符二年（1099年）曾经建成一座独特的建筑。这座建筑“构屋六十余间，中建宝阁，立丈六弥陀之身，夹以观音、势至。环为十有六室，室各两间：外列三圣之像、内为禅观之所。殿临池水，水生莲华。”[①]其中的十六间禅观之所据清哲记载，乃“依经以十六观名之”，所依凭亦为《观无量寿佛经》，而佛像庄严设置、莲花水池等，也都反映了对该佛经原文的遵循。

根据文献所载，可推测该净土院十六观堂的大体布局。首先，宝阁居中，十六间禅观空间围绕其布置，与敦煌第285窟所见“环”式形态相类；进而若将西方三圣所在的宝阁视为西方极乐世界的表征，外围禅观空间则是修炼法门，如此蕴含的“途径”围绕“目标”布局，恰与敦煌壁画中，典型的十六观“围绕”净土庄严相构图相近，某种意义上可谓两种艺术载体在意匠上的一致。其次，以空间形式看，十六间禅观之所的套间式格局，与吐峪沟石窟第20窟禅观窟相类似，而禅修空间环绕崇拜空间则似吐峪沟第42窟。

需要注意的是，佛家经典中的十六观想，是颇为复杂或有层进关系的修行体系，且其中所述图景幻象，至为瑰丽神奇。而明州延庆寺的十六观堂，仅取十六之数来用作禅观套间的名称，略显有买椟还珠之不足，与敦煌壁画中所见的十六观想图像相比，实有简单表层之虞；不过这也反映了在再现或转译佛教经典时，采用空间营造手段，会涉及相对复杂的具体营建技术，在表达自由与阐释灵性上，与采用壁画或雕塑等媒介存在着较大差别。

① 陈瓘《延庆寺净土院记》见载于《乾道四明图经》卷十（咸丰年间烟屿楼校本），该文亦以《南湖净土院记》题名见载于《佛祖统纪》卷四十九（大正藏），因延庆寺位居明州南湖，文献常见以南湖指代延庆寺，该文未见收录于四川大学之《全宋文》中。清哲的《延庆重修净土院记》见载《乐邦文类》（大正藏第四十七册），亦收录于川大《全宋文》卷五三九二。

## 四、十六观堂的宗派属性

研究佛教艺术者，对内涵于艺术表达背后的佛教义理、思想不可不查，而佛教艺术的创作及兴衰，往往也是佛教文化发展变迁的体现[①]。有关雕刻、绘画佛教艺术研究，灼见弘论层出不穷，在此不赘，下面且谈谈佛教建筑艺术作品，十六观堂产生及流播的宗教因革。

十六观堂以《观无量寿佛经》为创作依凭[②]，其净土信仰属性至为明显[③]，而十六观堂所在的延庆寺，以及构思建造的僧侣介然，都与天台宗密切关联，陈瓘记文开篇即为"明州延庆寺，世有讲席，以天台观行为宗。"正如佛教史学者的论述，在宋代的净土文化运动中，天台宗僧侣通过修忏法门制度化等中介，涵摄净土修行法门[④]，甚至净土宗派的法脉谱系建构，都有天台僧侣的贡献，如此形成了台净兼修的新潮流，而十六观堂就是这种潮流的建筑创作。嗣后，以明州十六观堂为代表的观堂建筑，出现于杭州湾南北两岸，检阅文献可知有十几例，其中明州有延庆寺、慈溪保国寺两例，杭州有上天竺、天圣寺、大内观堂三例，苏州有北禅寺、嘉定南翔寺两例，秀州有松江府城延庆教寺、嘉兴县真如院、崇德县崇福寺三例，台州临海白莲寺一例，会稽有府城景德院一例。分布地域恰为早

① 赖永海,《佛教对中国古代文化艺术的影响》，吴为山等主编,《中国佛教艺术·第1辑》，第2页。净因,《宗教与艺术漫谈》，吴为山等主编,《中国佛教艺术·第2辑》，第2页。南京大学出版社，2008年。

② 根据陈瓘记文可知，十六观堂内供奉的，首先是中间宝阁内的丈六阿弥陀，以及夹侍的观音、势至菩萨像，其次在较小的禅观空间外室，另外也设有同样的三圣之像。同样的，如此佛像设置，亦可在《佛说观无量寿佛经》中找到对应之经文：说是语时，无量寿佛伫立空中，观世音、大势至是二大士，侍立左右。类似经文还见《观世音菩萨授记经》所载：西方过此亿百千刹，有世界名安乐，其国有佛，号阿弥陀如来、应供、正遍知，今现在说法，彼有菩萨，一名观世音、一名得大势。而十六观堂主尊佛像——丈六弥陀的量度，与《佛说观无量寿佛经》或有关联：佛告阿难及韦提希：若欲至心生西方者，先当观于一丈六像在池水上。

③ 陈瓘记文中，提到"元丰中，比丘介然，修西方净土之法，坐而不卧，以三年为期。"另外，宋代文人楼钥的《上天竺讲寺十六观堂记》中，谈及十六观建筑"称其所谓净土之说"，亦可旁证。

④ 赖永海主编,《中国佛教通史·第十卷》，南京，江苏人民出版社，2010年，第33页。"较诸前朝，净土宗在宋代有一根本性的发展，形成了一个颇令人瞩目的净土文化运动。净土在宋代的勃兴与以天台宗为代表的教门有非常密切之关系。在宋代禅教竞争格局下，天台宗制度化地重建忏法等修行法门，并通过修忏法门这一中介将净土法门涵纳进天台宗，由此天台宗人开辟了'教演天台、行归净土'的宗门新体系。"

期天台宗谱系的钱塘、四明及天台三系之主要核心区，而且，凡文献中有涉及宗派者都指天台，可见观堂流播亦多借助天台法脉[①]。

此外，观堂建筑的流行，又与佛教仪轨发展的过程相关。在此前的大中祥符八年（1015年），天台名僧慈云遵式撰写《往生净土忏愿仪》，标志着净土系的礼忏及忏法仪轨在组织体系上的完成。遵式依据净土相关经典，将礼赞忏悔分为十项[②]。此礼赞忏悔之十法的规定，是在激励僧俗共同追求净业的庄严[③]。考虑到遵式在天台教观及净土忏法二者实践上之努力，以及他在天台宗中的重要地位，实不可忽略此种激励的重要影响，是故，1015年净土忏法的制定，对于日后相关观堂建筑的产生，可以说是完成了任务书的制定：中央宝阁可行烧香散华、礼请法、绕诵经法等，而禅观之所，适宜明方便法、明正修意、忏愿法、坐禅法。在上文提及的天圣寺九品观堂，据《灵隐寺志》卷二所载，“疑亦慈云所建”，足证慈云遵式在观堂营建、流播中的影响。

十六观堂建筑是天台宗僧侣，涵摄净土法门过程的营建结果，其功能及空间格局独立来看，都原非新制，不过在新的台净兼修潮流下，兼有创见及牺牲魄力的虔诚僧侣，能够结合佛家经典及忏法仪轨，糅合各种要素，营造出“东州之冠”的“胜绝之地”——明州十六观堂。而十六观堂的建造，无疑丰富了佛教艺术的构成，延续了早期石刻、绘画中以十六观想为主题的创作，使相关艺术表现媒介更为丰富全面。而历代佛教徒与艺术工作者，持续不懈地通过艺术手法表现十六观想的过程，正是蓬勃云涌的净土信仰活动之菩提一叶。

---

① 谢鸿权，《天台宗的净土信仰建筑探微》，中国建筑史论汇刊·第五辑，北京，清华大学出版社，2011年。

② 分别为：1严净道场、2方便、3正修意、4烧香散化、5请礼、6赞叹法、7礼佛、8忏愿、9旋绕诵经、10坐禅。其中对道场严净的要求对空间营造当有激励。

③ 湛如，《敦煌佛教律仪制度研究》，中华书局，2003年，第266页。

## 参考文献

［1］杨倩描．南宋宗教史．南宋史研究丛书．北京：人民出版社，2008.

［2］傅熹年．中国古代的建筑画.文物，1998（03）：75-94.

［3］王贵祥．唐总章二年诏建明堂的原状研究．建筑史，第22辑，2006年：34-57.

［4］张十庆．径山寺法堂复原研究．文物，2007（03）：68-81.

［5］（日）宫治昭著．贺小萍译．吐峪沟石窟壁画和禅观．上海：上海古籍出版社，2009.

［6］巫鸿著．郑岩等译．礼仪中的美术．上海：生活读书新知三联书店，2005.

# 第四议：十六观堂与雨花阁

## ——宋、清两朝的两座内廷佛教建筑

中国古代社会，佛教之兴衰，往往与历代朝廷扬抑直接相关，正所谓“释、老之教，行乎中国也，千数百年，而其盛衰，每系乎时君之好恶”。而于内廷禁地中的内道场、内观堂、佛堂佛楼等佛教礼拜空间的出现或营建，因关涉君王好恶、名僧行止、佛经阐释等重要历史信息，往往是宫廷史、佛教史、建筑史等观察的难得素材。这其中，宋代的十六观堂，以及清代的雨花阁，都是值得注意的独特内廷佛教建筑。

### 一、南宋临安内廷十六观堂

位于南宋临安内廷的十六观堂，是由宋孝宗赵昚（1127—1194）于乾道三年（1167年），在杭州临安内廷所营建的一座内观堂。有关这座内观堂的记载，主要有《佛祖统纪》及宋人所作记文，亦散见于后世文献中。

根据《佛祖统纪》卷四十八所载：“（乾道）三年二月。驾幸上天竺礼敬大士……即道翌法师故居建十六观堂……三月敕于禁中建内观堂。一遵上竺制度。”晚出的《古今图书集成·释教部汇考》卷四亦云，“乾道三年。幸上天竺。授僧若讷右街僧录。敕建内观堂于禁中，一遵上竺制度”。

而作为内廷内观堂制度范本的上天竺十六观堂，因楼钥（1137—1213）《上天竺讲寺十六观堂记》所述有：“乾道三年二月驾幸此山，修供大士，赐缗钱二万，俾建此室，遂写延庆规模以为之。严净精妙，过者必肃”，指明受到明州延庆寺十六观堂规制模式的启发。

明州延庆寺的十六观堂，形制确实较为独特，根据陈瓘（1057—1124）《延庆寺净土院记》等记录，该建筑建成于元符二年（1099年），为天台僧人介然所创制，“构屋六十余间，中建宝阁，立丈六弥陀之身，夹以观音、势至。环为十有六室，室各两间：外列三圣之像、内为禅观之所。”《佛祖统纪》卷二十七更将该建筑誉为“东州之冠”。根据延庆寺首座清哲写于乾道五年（1169年）的《延庆寺重修净土院记》所载，“环为十有六室，依经以十六观名之”，阐明十六观堂与佛教经典《佛说观无量寿佛经》的关联。诚然，明州延庆寺十六观堂的诸多建筑空间处理中，以经文中的“十六观想”命名套间外，其室外莲池设置、宝阁内西方三圣庄严陈设、宝像丈六量度等，皆有《佛说观无量寿佛经》经文相关描写为凭。

作为建筑命名依据的“十六观”，据《佛说观无量寿佛经》经文，韦提希夫人愿生西方极乐世界，兼欲为来世之众生往生，请佛世尊说其所修之法，故佛说此十六种之观门：一、日想观，正坐西向，谛观落日，使心坚住，专想不移，见日将没之状，如悬鼓形，既见日已，闭目开目，皆令了了，此名日想观；二、水想观，次作水想，见水澄净，亦使明了无分散之意，既作水想已，当作冰想，既见冰已，作琉璃想。此想成已，则见琉璃地内外映彻，是名水想观；此外另有：三、地想观，四、宝树观，五、八功德水想观，六、总想观，七、华座想观，八、像想观，九、佛真身想观，十、观世音想观，十一、大势至想观，十二、普想观，十三、杂想观，十四、上辈上生观，十五、中辈中生观，十六、下辈下生观。此十六观想，为往生西方净土极乐世界的重要门户，即所修之法，可谓净土信仰体系的关要所在。

观堂此类净土信仰建筑，以明州延庆寺十六观堂为开端，其创设与流播，多有天台僧侣的努力，这又与当时的“台净合流”，即天台宗与净土信仰的融汇，天台僧以忏法涵摄净土法门的潮流蔚然成风相互呼应。而作为南宋文化中心的临安，也正处于当时天台宗活跃的区域之内，显然，内廷观堂的营建，表明了此宗教潮流对宫廷信仰的影响，同样的，在孝宗皇帝所崇信的僧侣中，就有多位见载佛教史书的天台宗名僧。

那么，孝宗皇帝又是如何使用这座内廷观堂？根据楼钥所记：“孝宗皇帝留心内典……又尝命建（观堂）于禁中，退朝余暇，多燕坐其上，或引禅、律高僧设斋讲道，非人间所可及也。”乾道四年（1168年），孝宗曾召上天竺若讷法师，领五十僧人入内观堂行护国金光明三昧，建佛教道场；淳熙十四年（1187年），孝宗在此亲书《心经》；同年，诏令阿育王山舍利宝塔入禁中观堂安奉，孝宗亲自茹素焚香瞻礼。有多次与禁中观堂举行佛教信仰活动的记录。

然而，孝宗之后，文献中找不到有关此内廷观堂的记录，今人已然不知其留存时间，也不知在宋元交替的兵燹，以及西僧杨琏真珈对临安皇城的破坏改造中，其情况如何？

## 二、清代紫禁城雨花阁

雨花阁是一座金顶佛殿，为乾隆年间所修建的藏传佛教神殿，位于紫禁城西北，建筑形制及内部陈设十分独特。以罗文华、王家鹏、王子林及刘畅诸位先生的研究为基础，我们大体可了解有关雨花阁的营建及使用等情况。

根据土观·洛桑却吉尼玛所撰《章嘉国师若必多吉传》记载："乾隆十五年（1750年）一天，大皇帝（乾隆）问章嘉国师：'在西藏为佛教建有广大功业的杰出人物有哪些？他们的主要功绩如何？'章嘉国师一一详细列举，其中讲到了大译师仁钦桑波创建托林寺，寺内正殿有四层，内设四续部佛众的立体坛城的情况，大皇帝说：'在朕的京城中也要建一座那样的佛殿。'于是，由章嘉国师负责，在内城右方建起了一座四层金顶佛殿。"学者们普遍认为这座金刚佛殿，就是雨花阁。

从乾隆十五年（1750年）初步完工后，建筑又历经修整改易，到乾隆四十四年（1779年）前后重铸屋顶金龙、宝塔，奠定今日雨花阁之外观样貌；期间，室内陈设同步进行，尤以耗时十年（乾隆十八年至二十八年）所建造的三座掐丝珐琅彩坛城，最为珍贵。并且，包括坛城设计木样模型等在内的陈设布置，根据相关档案记录，其中有多项经由乾隆下旨安排章嘉国师审定、设计，力求符合藏传佛教格鲁派的教义及修持仪轨。最终的雨花阁，在前引传记所载，建成为"内置四续部佛众的塑像，顶层殿内塑有密集像，第三层内塑有大日如来现证佛像，底层殿内作为各扎仓僧众念诵三重三昧耶仪轨的场所。"

所谓“四续部”即藏传佛教密宗修习的四种形态：事部、行部、瑜伽部、无上瑜伽部。与此相应，雨花阁内部由下而上四层，分别布置了四组佛龛及佛像。根据佛龛侧面汉文榜题可知，由下而上各层分别供奉“智行品佛”、“行德品佛”、“瑜伽品佛”以及“无上品佛”，恰为四续部佛众。

早在雨花阁修建之前（1745年），前引章嘉国师传内，即记载有乾隆顶礼章嘉国师，虔诚修习密宗的事情；而雨花阁的兴建，很可能是乾隆在延续前代君王“兴黄安蒙、奉佛怀柔”国策的同时，满足个人宗教信仰、宗教实践的需求。除了为雨花阁的建造多次下旨外，根据王子林先生发现整理的档案，乾隆还为雨花阁题写多处匾额楹联，倾注不少心力。而后，根据《钦定总管内务府现行则例·中正殿》所载“雨花阁，每年四月初八日，派喇嘛五名，在无上层唪大布畏坛城经。二月初八日、八月初八日，各派喇嘛十名，在瑜伽层唪毗卢佛坛城经。三月初八日、六月初八日、九月十五日、十二月十五日，各派喇嘛十五名，在智行层唪释迦佛坛城经。每月初六日，在德行层放乌卜藏唪经。”阁内宗教活动安排呈定制化，而且根据各层所供佛之差异，安排的日期、人员、所唪经书等，相应有所不同，其中自当有宗教仪轨方面的设计。

## 三、两处内廷佛教建筑浅谈

### 1. 空间布局源流

宋廷禁中的十六观堂，其形制为十又六室环列宝阁的空间格局，阐释净土经典《佛说观无量寿佛经》的十六观法门；雨花阁以上下划分为四层的内部空间，隐喻了藏密黄教的“四续部”修行观。两者空间布局与佛教经典、仪轨的吻合，都达到了相当水准，而雨花阁更是将数目众多的佛像精心配置，组合成“体现藏传佛教思想的有机整体”。

通过文献梳理，我们了解到南宋临安禁中观堂，是仿自同城名刹临安上天竺十六观堂，而后者又写仿自明州（今宁波）延庆寺净土院十六观堂，一座由延庆寺天台僧人介然所创的独特建筑。而雨花阁的出现，根据章嘉国师传所载，是乾隆听闻国师介绍西藏托林寺有类似的建筑后，要求在内城同样建造一座，可见雨花阁的空间布局，应该就是以托林寺正殿为蓝本；而托林寺的建筑，受到了西藏著名的桑耶寺影响，桑耶寺则是仿印度阿旃延那布尼寺而建。

对宫外相关宗教建筑形制的写仿与借用，有利于内廷相关建筑在布局上呈现较为成熟的意匠，而作为写仿对象的寺院或建筑，也往往都是名山宝刹一时之选。南宋时期的延庆寺与上天竺寺，都是天台宗谱系中极为重要的寺院，天台宗十七祖法智知礼就长期驻锡延庆寺；藏传佛教谱系中，托林寺为重兴西藏佛教的阿底峡高僧弘法之地，名冠全藏，桑耶寺更是有祖寺之誉，而承德避暑山庄的普宁寺，就仿造自桑耶寺而建，同样也修建于乾隆时期。

2. 名僧的媒介

在两座建筑出现于内廷的流播过程中，我们注意到斯时名僧的重要作用。南宋时期，孝宗通过上天竺高僧若讷，先在上天竺营建十六观堂，其后在禁中营建内观堂；清代乾隆通过章嘉国师的介绍，了解到托林寺正殿，从而有了在禁中营建雨花阁的想法及实践，并委托章嘉主持负责。

有关若讷的事迹，见载于《宋会要辑稿》“道释一”：乾道元年七月二十五日，诏：凡以雨暘，祈祷观音必获感应，上天竺住持僧若讷特补右街僧录。以及《佛祖统纪》卷十七：

法师若讷，字希言，嘉兴孙氏。初依竹庵于德藏，克志苦学，久而婴病，心叩大士口诵秘咒，梦大士灌以灵液，寤而失其疾。乃往赤城谒证悟，迁上竺命师首众，既没，诏师嗣居之。乾道三年春二月，驾幸上竺，展敬大士，问光明忏法之旨，师答曰：梵释天帝四大天王，下临土宇护国护人，故佛为说金光明三昧之道，后世祖师立为忏法，以资诸天之威德，故帝王士庶皆可修持。上说，授右街僧录，既而诏于山中建十六观堂，仍放其制，作堂于大内。(后略)

而在禁中观堂建成后，若讷还曾受孝宗之命领僧入内，举行过相关佛教活动。

与宋代文献中鲜有若讷参与内廷观堂营建的记载不同，在清代相关档案中，有乾隆下旨安排章嘉指导雨花阁具体营造的记载：乾隆十八年二月，下旨将坛城木样交章嘉胡图克图细细看；乾隆四十一年二月，下旨欢门交章嘉画，以及塔内装藏物件问章嘉。可以说，章嘉作为雨花阁营建的主持负责，以及相关具体项目的设计及审定工作，在藏传佛教教义仪轨与雨花阁空间布局之间，以及藏式建筑同汉地建筑之间，形成了坚实的媒介。

在清代宫廷佛教史中，章嘉国师是一位极为重要的高僧，深得乾隆的信任与尊崇，并促使桑耶寺、托林寺的独特信仰空间布局，得于出现在宫城之中。而这种通过高僧为媒介的传播途径，与大家所熟知的，乾隆通过南巡移植江南园林的方式有所不同，另有意趣。

3. 净土信仰的表达

从南宋禁中的内观堂，这座天台宗僧侣所主导的净土信仰建筑，到藏密高僧引荐到紫禁城的雨花阁，虽然两者的风格、样式已然大相径庭，然而，有关净土信仰的表达却可谓共同的主题了。

南宋时期，根据佛教学者研究论断：净土宗在宋代有一根本性的发展，形成了一个颇令人瞩目的净土文化运动。净土在宋代的勃兴与以天台宗为代表的教门有非常密切之关系。在宋代禅教竞争格局下，天台宗制度化地重建忏法等修行法门，并通过修忏法门这一中介将净土法门涵纳进天台宗，由此天台宗人开辟了“教演天台、行归净土”的宗门新体系。活跃于四明地区的天台宗十七祖知礼大师，修行天台宗止观之法，同时亦重忏法，并将行忏与净土结社念佛结合起来，开拓了宋代天台宗对世俗社会的参与，对后世影响深远。知礼的师弟遵式于大中祥符八年（1015年）编撰了《往生净土忏愿仪》，更标志着净土系的礼忏及忏法仪轨在组织体系上的完成。此后，江浙地区开始出现了再现净土信仰经典的建筑空间探索，介然在延庆寺创设十六观堂，成为此类建筑的“东洲之冠”。在乾道年间，临安都城大刹及内廷的写仿，标志着观堂建设达到顶峰，反映了“台净合流”潮流对内廷佛教信仰的影响。而内观堂供奉的主尊，很有可能同其写仿对象一样，都是《佛说观无量寿佛经》的极乐世界无量寿佛。

虽然从宋代到清代的宫廷佛教，经历了藏传佛教从元代开始逐步确立主导地位的变迁，净土信仰始终都是持续的信仰主题，清代帝王亦不例外。有清一代，康熙帝被认为是无量寿佛的转世轮王，乾隆帝对无量寿佛的崇信更是远逾历代诸帝，除了建造诸多供奉无量寿佛的殿堂外，还亲题了雨花阁仙楼栏板的贴落“西方极乐世界阿弥陀佛安养道场”。雨花阁的极乐世界无量寿佛主题，或许在雨花阁建造初期的乾隆九年（贴落题写时间）即已确立，阁内最终供奉了至少五十三尊的无量寿佛。

嗣后，与宋代内观堂寂寂无声于史册中不同，乾隆在雨花阁空间中所践行的“四续部”及“极乐世界”主题，成为之后宫廷佛堂建筑的重要题材。其中，在皇城西苑的极乐世界等，延续了极乐世界的主题；而“四续部”在“无上瑜伽部”细分为父续及母续两部，加上大乘的“般若部”后，称为“六部”或“六品”，而按照六部内容所营建的“六品佛楼”，在乾隆年间就达八处，分布于禁城、长春园、避暑山庄等处，形成了独特的“六品佛楼模式”。

## 参考文献


[1] 元史．中华书局点校本．

[2] 汪圣铎．宋代政教关系研究．北京，人民出版社，2010.

[3] 罗文华．清宫六品佛楼模式的形成．故宫博物院院刊，2000，第4期.

[4] 王家鹏．故宫雨花阁探源．故宫博物院院刊，1990，第1期.

[5] 王子林．雨花阁——乾隆朝宫廷佛堂建设主导思想论．故宫博物院院刊，2005，第4期.

[6] 刘畅．紫禁城宫殿．北京，清华大学出版社，2009.

# 第五议：辽金时期顶幢补识

经幢作为一种佛教石刻形式，是佛教史、社会史及艺术史、建筑史、书法史研究中重要而独特的素材，从叶昌炽《语石》关注始，到刘淑芬《灭罪与度亡》完成迄今最为全面、详尽的成果[①]，前辈学者们示范地将经幢推进为管窥及发覆中古时期宗教、政治、社会及民众等多层面问题的媒介。而作为经幢中颇为独特的顶幢，虽前人有所提及却未见重视及细致梳理，使其在经幢共性之外的独特性，似未得全面揭示，故作此续貂之补识，并求教诸方家。

## 一、顶幢与佛顶幢

唐代以来，开始出现周刻佛教或道教经文的石柱，其经文绝大多数为《佛顶尊胜陀罗尼经》，故通常称“尊胜陀罗尼幢”，简称经幢，于不同时代另见不同称谓。叶昌炽较早注意到“（经幢），辽金多称为顶幢，或以经文称为尊胜幢子。”[②]而此类幢身所刻额题、造幢记中自称顶幢者，确屡见诸辽金实物。

① 张建宇，经幢研究的一个新高度，社会科学论坛 2012第六期，246—249页。
② 叶昌炽撰，柯昌泗评，语石·语石异同评，中华书局，北京，1994年，269页。

古代顶幢举要[1] 表1

| 序号 | 幢身记文 | 幢身所刻真言等 | 高度 | 建造年代 | 留存情况 | 备注、出处 |
|---|---|---|---|---|---|---|
| 1 | 史遵礼奉为亡过耶耶孃孃建立顶幢一座 | 智炬如来破地狱真言 | 50厘米 | 寿昌五年，1099年 | 拓本 | 匋斋藏石记 |
| 2 | □□寿奉为亡过父母建陀罗尼顶幢一座 | 文殊师利宝藏陀罗尼，智炬如来心破地狱真言，普贤菩萨灭罪真言 | 50厘米 | 天眷二年，1139年 | 拓本 | 涿州<br>艺风堂金石文字目（涿） |
| 3 | （韩珪奉为亡过慈父）特建顶幢一座 | 净法界陀罗尼真言 | 53厘米 | 金大定三年，1163年 | 拓本 | 河北固安 |
| 4 | （安琚）奉为先亡考妣建立石匣顶幢一座 | 智炬如来心破地狱真言 | 46厘米 | 金大定十七年，1177年 | 拓本 | 河北固安 |
| 5 | 奉训大夫王□□妇……父□母张氏□□立顶幢一…… | 佛顶□陀罗尼 | 一尺七寸 | （推）金大定二十年，1180年 | 拓本 | 涿州无<br>金中都大兴府 |
| 6 | （纪宗）与父母立顶幢 | 生天陀罗尼真言 | 50厘米 | 1181年 | 拓本 | 河北固安 |
| 7 | 与亡父赵公亮母阿王建立顶幢一座 | 七俱知佛母心大准提陀罗尼真言，生天真言 | 52厘米 | 金大定二十一年，1181年 | 拓本 | 大兴府涿州 |
| 8 | （刘瘦儿）奉为伯伯刘□故妻……妻□氏特建顶幢一座 | 破地狱真言，生天真言 | 高一尺七寸 | 大定二十四年，1184年 | 拓本 | 涿州 |

① 表中：1、2、3、4、5、6、7、8、9、10、11、12参见端方《匋斋藏石记·卷四十一》；2、3、4、6、7、8、12、13、14、15、16、17参见《古涿州佛教刻石》；18、19见《北京图书馆藏历代石刻拓本汇编·46》；20见《钱大昕全集·七》。第21项见《北京图书馆藏历代拓本汇编》47。另据《辽代石刻文编》所载，郭仁孝另为耶耶建有顶幢，见向南《辽代石刻文编》，河北教育出版社，1995年。

续表

| 序号 | 幢身记文 | 幢身所刻真言等 | 高度 | 建造年代 | 留存情况 | 备注、出处 |
| --- | --- | --- | --- | --- | --- | --- |
| 9 | 艾宏建立为自身预先命前建立石匣一座并幢……建立顶幢一座 | 阿閦如来灭罪陀罗尼，生天真言 | 高一尺七寸 | 大定二十四年，1184年 | 拓本 | 另有石匣 |
| 10 | （句阿王玉容）为夫建立顶幢一座 | 无 | 一尺五寸五分 | 大安三年，1087年 | 拓本 | |
| 11 | 姚庆温与亡先灵建立顶幢一座 | 一切如来大乘阿毗三摩耶百字密语，智炬如来心破地狱真言 | 一尺五寸五分 | ……丑年 | 拓本 | 固安县 |
| 12 | 方实与祖父立顶幢一座 | 生天真言 | 一尺六寸五分 | | 拓本 | 涿州 |
| 13 | （郭仁孝）奉为……考妣特建顶幢 | 甘露王陀尼、破地狱真言、消灾真言、报父母真言、生天真言 | 45厘米 | 天庆十年，1120年 | 拓本 | 另为耶耶建有顶幢（《辽代石刻文编》） |
| 14 | □□等为亡过父母特建顶幢一座 | □□罗尼 | 67厘米 | 金天会七年，1129年 | 实物 | 涿州 |
| 15 | 守才石匣顶幢记 | 破地狱真言，等 | 58厘米 | 大定二十三年，1183年 | 实物 | 金中都涿州范阳县 |
| 16 | 张彧奉为故父特建顶幢记 | 一切如来心陀罗尼 | 140厘米 | 明昌三年，1192年 | 拓本 | 有额题，与记文共五面而真言三面，涿州 |
| 17 | 奉为先考特建墓顶幢记 | 圣六字真言，观自在菩萨如意轮咒，生天真言 | 56厘米 | 金泰和三年，1203年 | 实物 | 涿州 |

续表

| 序号 | 幢身记文 | 幢身所刻真言等 | 高度 | 建造年代 | 留存情况 | 备注、出处 |
| --- | --- | --- | --- | --- | --- | --- |
| 18 | 杨善奉为亡□父母特建密言顶幢石匣一座 | □□如来灭罪真言，破地狱真言，生天真言 | 56厘米 | 金大定十一年，1171年 | 拓片 | 石匣，北京房山 |
| 19 | 马兴遇奉为亡过外祖父母特建石匣顶幢一座 | 破地狱真言，大□准提咒 | 48厘米 | 金大定二十二年，1182年 | 拓片 | 河北涞水 |
| 20 | 大宋燕山府永清县景隆乡新留里王士宗奉为亡考特建顶幢一座 | 智炬如来心破地狱真言 | | 宣和七年，1125年 | | 燕山路宣和归宋，不久入辽 |
| 21 | （刘嵩等）特建石匣顶幢 | 大准提咒、八字咒 | 49厘米 | 金明昌三年，1192年 | 拓本 | |

上述顶幢中，幢身多数为50厘米左右（拓本中多记为约一尺五寸，清代尺），幢身所刻鲜见《佛顶尊胜陀罗尼》，而多为破地狱、生天真言等，且全数是俗人为亡故先人所建者。目前，有学者视顶幢为“佛顶尊胜陀罗尼经幢”的简称①，不过古代幢身记文中所见简称，却多为略作“佛顶幢”或“尊胜幢”（如唐代山西潞州原起寺、宋代福建泉州昭庆寺经幢记文所见）等，且以尊胜为名更是因所刻经文故，如是，则上表所列幢身文字中的“石匣顶幢”与“墓顶幢”或更近顶幢之原意。

同样值得注意的是，表中有五件顶幢涉及石匣，此外，乾统九年（1109年）“奉为亡夫李从善特建石匣并塔”②的经幢记文也表明其与石匣相配使用。类似石匣在近年的考古挖掘中有所发现，如辽宁朝阳西上台墓

① 韩长耕，历代佛教石经综述，韩长耕文集，长沙市，岳麓书社，1995年，355页。
② 向南等辑注，辽代石刻文续编，辽宁人民出版社，沈阳，2010年，263 页。

葬中，刻有梵文的石匣葬具被用于盛敛骨灰。而1977年，考古工作者清理北京房山北郑村辽代砖塔，在塔内地宫发现舍利石匣，而经幢立于地宫盖板上，正居石匣之顶[①]。

## 二、墓幢及位置

由于《佛顶尊胜陀罗尼经》提到：将“佛顶尊胜陀罗尼”设置高处，凡受其“尘沾影覆”者，便能消除所有罪业，并免堕地狱，而于亡者则有“拯济幽冥”的“破诸地狱”神效，促使了盛唐时期开始，即出现设置于墓地的经幢，为墓幢之滥觞。

从顶幢相关记文可知，这些辽金时期顶幢多是为先人所置的墓幢或坟幢，殆无疑义，亦佛教影响下之葬俗，时人所谓“而后我教东流，法被幽显，则建幢树刹是焉……刻厥密言，表之于祖考之坟垅”[②]，而“苟未能为幢于坟，则是为不孝也”[③]，墓地立幢之盛行可想而知（图1[④]）。刘淑芬研究即专列墓幢一章，对墓幢的种类、形制与葬制、流行原因以及变形，进行了精辟的论述，其中，根据墓幢安置位置，将其分为墓前、墓室内、作为墓碑者三类。嗣后，通过考古发现的痕迹分析，李清泉等学者[⑤]对墓地设幢位置有所扩充，并推测当时世俗社会葬俗中，墓幢存在着坟前、墓侧发展到墓室上方（墓顶）

图1　郑州黑山沟壁画

---

① 齐心、刘精义，北京市房山县北郑村辽塔清理记，考古，1980年第2期，147页。

② 向南，辽代石刻文编，白怀友为亡考妣造陀罗尼经幢记，沙门了洙撰，549页。

③ 向南，辽代石刻文编，张世俊造幢记，699页。

④ 河南登封黑山沟宋墓壁画，源于《郑州宋金壁画墓》105页。辽境未见类似图像，此宋地者且为参考。

⑤ 李清泉，宣化辽墓：墓葬艺术与辽代社会，文物出版社，北京，2008年，311页；韩国祥，《文物》，朝阳西上台辽墓，2000年第七期，63页，“从丧葬习俗看，墓顶放置石经幢是辽晚期受佛教影响而极为盛行的习俗。”

的倾向。可惜的是，相关文献检读以及实物发现等工作缺失，使该推测尚难于真确落实，而这正是本文的工作。

白居易所作《如信大师功德幢记》曰："穴之上，不封不树，不庙不碑。不劳人，不伤财。唯立佛顶尊胜陀罗尼一幢。"如立幢于穴上为写实，则此类葬式至少可溯源至此。辽代寿昌五年（1099年），燕京大悯忠寺故慈智大德"门人仰师之德，感师之恩，瘗灵骨于其下，树经幢于其上"[①]；乾统四年（1104年）河北安次县有法性和尚"中藏灵骨"的经幢[②]。这些僧人应用经幢的葬式，就骨灰与经幢的关系而言，与"石匣顶经幢"的顶幢颇有相通之处。

另外，根据刘淑芬所整理的墓幢规格，中段八面石柱高度通常在1～2米之间，也有小于1米者，而上述顶幢的该段高度，绝大多数为50厘米左右，与此相差甚多，更遑论与《大汉原陵秘葬经·庶人幢碣仪制》所定"石幢长一丈二尺"者相较，而尺度上的较大差异，或与顶幢所处位置有关[③]。参照辽朔州李氏墓地所出经幢[④]，中段柱体高42厘米而总高约1.2米，顶幢总高当约为1.5米，或仅比封土高少许，若考虑立幢有"尘沾影覆"需求，则立于墓顶无疑极为便利，在朝阳西上台墓顶残留封土中，即发现有经幢座，而佛顶尊胜陀罗尼经文也提倡高处设幢。仍以朝阳西上台辽墓为例，墓中出土有石匣，而如墓顶设幢，则从形态上看，此幢就是立于石匣之上的顶幢[⑤]，同时也位居墓顶。

而最具价值者，无疑是涿州文物保管所藏"奉为先考特建墓顶幢"，作为目前所知仅有的、明确位居墓顶的经幢，尚未被相关研究者所讨论，却可谓墓顶立幢的历史实证。此件"墓顶幢"为金泰和三年（1203年）所建经幢，1991年发现于河北涿州，仅幢身留存，幢身高56厘米，截面对角线22厘米长，为宽窄相间的八棱柱。八棱首面有十字额题：奉为先考特

① 陈述辑校，全辽文，257页。
② 刘淑芬，灭罪与度亡：佛顶尊胜陀罗尼经幢研究，142页。
③ 在前引河南登封黑山沟墓葬壁画，该立于墓顶封土前的经幢，与画中人物相较，可推其总高约1.8米（中段约0.9米），高过封土近半。
④ 张畅耕主编，辽金史论集·第六辑，社会科学文献出版社，北京，2001年，227页。
⑤ 根据报告，此墓葬的墓室为二次使用，其石匣与经幢的关系不明。

图2　涿州墓顶幢（黄文镐摄）

图3　墓顶幢拓本（源自参考文献［3］）

建墓顶幢记，分作双竖行。额题后为“圣六字真言”及梵音汉字，单行，另起“观自在菩萨如意轮咒”及梵音汉字八行，第八行下方即接“生天真言”及另行梵音汉字，最后一行为“泰和三年岁在癸亥九月初五坤时建”，而建幢人名则不明（图2、图3）。

参照辽代朔州李氏墓幢形态比例，尝试推测该涿州该“墓顶幢”的完整形态，并如额题所言安放于墓顶，作剖透视示意如图4。图中墓室安放石匣，表示该石匣顶幢同时亦作墓顶之幢。

图4　墓顶幢与石匣示意图

## 三、余论：经幢的多元化

叶昌炽注意到经幢使用的灵活性：墓地的墓铭幢，刊有寺额敕牒之幢，标示地界的四至幢，录刊经、造像、佛殿营建等的记事幢，僧人埋骨之塔幢，兼作佛具之灯幢、香幢；进而谈到有内容与佛教无关的刻石，如颂德、醮告、游览题名、祈雨、青词等也借用经幢的八面柱形态，并谓后者有名无实也[①]。此处叶氏已然将八角形石柱视为经幢的固有形态了，然而肥城汉代郭巨祠石柱、定兴北齐石柱、云冈北魏窟檐石柱等，表明八面柱应用要早于经幢出现[②]，换而言之，经幢的出现是一种对已有形态的借用。

刘淑芬曾指出经幢的产生实乃宗教的产物，而对其形态来源、刻经内容、相关形制、墓幢功能等分析，呈现多元化之论述架构，似乎作为信仰载体的表现形态、功能分类或设置，并没有明显的分野或更替之主线。诚哉斯言，在经幢产生、发展及兴盛历程，更多表现为陀罗尼信仰核心下，功能、形态等层面的糅合与借用，这正贯穿了经幢发展的全程：缘起阶段，经幢可能作为一种糅合刻经和塔的产物；发展兴盛阶段，古代幢身刻字中的塔、幢之混称，造像与经幢组合的带佛像之八佛头经幢，等等；此外，被刘淑芬视为墓幢变形的墓葬陀罗尼及陀罗尼棺，也可为例证。而作为本文着力讨论的墓顶幢，实可视为经幢与碑铭、墓表等墓葬陈设的杂糅，与墓志与经幢结合产生墓志幢的情况相类[③]。或许，此般杂糅与借用所形成的丰富与复杂，以类型辨析的角度，不易穷尽所有，然而，作为古代历史中的曾经之存在，些许痕迹都会是今人持续辨析的动力所在。

## 参考文献


[1] 刘淑芬．灭罪与度亡：佛顶尊胜陀罗尼经幢之研究．上海：上海古籍出版社，2008.

[2] 李清泉．宣化辽墓：墓葬艺术与辽代社会．北京：文物出版社，2008.

[3] 杨卫东．古涿州佛教刻石．石家庄：河北教育出版社，2007.


---

① 叶昌炽撰，柯昌泗评，语石·语石异同评，中华书局，北京，1994年，279页。

② 中国科学院自然科学研究所主编，中国古代建筑技术史，科学出版社，北京，1985年，232页。

③ 北京图书馆金石组编，北京图书馆藏中国历代石刻拓本汇编·046，杨公墓石记，智炬如来破地狱真言，八角刻，刻字内容近墓志，大定十六年（1176年），139页；李训墓幢，八面刻，大定二十六年（1186年），197页。

[4] 李逸友．辽代契丹人墓葬制度概说．内蒙古东部区考古学文化研究文集．海洋出版社，1991.
[5] 韩国祥．朝阳西上台辽墓．人物，2000，第七期.
[6] 陈述辑校．全辽文．北京：中华书局，1982.
[7] 向南．辽代石刻文编．石家庄：河北教育出版社，1995.

# 第六议：舆图中的寺院
## ——嘉靖《陕西通志》城市建置图三题[①]

明朝嘉靖二十一年（1542年），由时任陕西巡抚赵廷瑞主修，陕西三原学者马理、高陵学者吕柟主持编撰的《陕西通志》完成[②]。通志全书以土地、文献、民物、政事为四纲，诸纲下依次有星野、山川、封建、疆域、城郭公署沿革、河套西域、圣神帝王遗迹古迹，圣神、经籍、帝王、纶帛、史子集、名宦、乡贤、流寓、艺文，户口、贡赋、物产、释老，职官、水利、兵防、马政、风俗、灾祥、鉴戒各目，四纲二十八目，凡四十卷。

值得注意者，书中附有179帧与星野、山川、疆域、建制沿革、西域、圣神帝王遗迹、经籍、乡贤璇玑诗、物产、水利、漕运相关的配图，其中有134张图为表现城郭及相关建筑的建置图，无疑是了解及研究陕西明代城市的宝贵资料[③]。

鉴于此类地方志中所见配图在城市史研究中的独特地位，尤其是在分

① 本论文属国家自然科学基金支持项目，项目名称：《明代建城运动与古代城市等级、规制及城市主要建筑类型、规模与布局研究》，项目批准号：50778093。

②（明）赵廷瑞主修《陕西通志》，前言第2页，陕西地方志办公室总校点本，三秦出版社2005年。

③ 就目前所知的明清省级通志中，极少有配图数量可比肩嘉靖《陕西通志》者。如清代的《河南通志》以及后文将提到的康熙《陕西通志》，配图数量均不足嘉靖《陕西通志》的四分之一。根据苏品红抽样调查研究，现存地方志中插图最多的是康熙《绍兴府志》和《济南府志》，插图皆为89幅。（见苏品红，《浅析中国古代方志中的地图》，原载《文献季刊》2003年第三期）

析城市形态中的重要性[①]。本文将就嘉靖《陕西通志》中这批建置图，首先整理图中所见的建筑单体或群体之名称，为后续研究作基础，且参照前人研究[②]，略作申论，揭示明代城市中行政建筑之配置规律；而后，将就嘉靖《陕西通志》与康熙《陕西通志》二者的城市配图之变化，窥测明清陕西城市之间的延续；第三，就嘉靖《陕西通志》城市建置图的排版，针对记录古代城市的地方志史料之解读，以浅陋之思考，作引玉之论。

## 一、城市建置图所列建筑

有关明代陕西城市的配图主要分布在卷七～九的建置沿革上、中、下三章。建置沿革三章，依次为陕西等处承宣布政使司、西安府、凤翔府、汉中府、平凉府、巩昌府、临洮府、庆阳府、延安府，陕西行都指挥使司各行政单元。从西安府开始，即是文图兼有之格式。上述诸行政单元，都先以文字描述各府历史沿革、统领州县以及附郭名称，随后依次是各府附郭县、各属府所领县、各属府所领州、该州所领县，文字说明谈及府州县的历史沿革及编户里数；随文字说明后，皆有府城图及各州、县的相关配

---

① 参见李德华，《明代山东城市平面形态与建筑规制研究》，清华大学2008年硕士论文，第3章；包志禹，《明代北直隶城市平面形态与建筑规制研究》，清华大学2009年博士论文，第二章；葛天任，《环列州府，纲维布置——明代陕西城市与建筑规制研究》，清华大学2010年硕士论文，第三章。在李德华的论文中，所应用以2008年地图与地方志中城市图比对的方法值得关注，其中济宁州城与阳谷县城，实际形态都与地方志所见略有差异，此与葛天任论文中所举现代葭州地图与嘉靖《陕西通志》中的葭州，二者形态比例大相径庭的现象类似，或者，地方志所见城市图，其形态多有制图者的抽象或象征处理，或可称为理想化图式，与现代的作为城市空间投影之城市地图不可同日而语。

此外，雕版印刷的排版也可能影响到地方志中城市图与真实形态有异，如宋元时期的南京城市平面形状应为南北稍长东西稍短不十分方正规则的矩形，但是在“府城之图”和“集庆府城之图”中，平面形状却表现为东西长南北短的矩形。见胡邦波，《〈景定建康志〉和〈至正金陵新志〉中的地图初探》，《自然科学史研究》1988年第1期。

② 参见前注所引论文。如葛天任论文中，就以嘉靖《陕西通志》为基础，对明代陕西的区域空间布局，陕西明代城市的平面形态和等级规模，以及城池建筑、衙署建筑、庙学建筑、城隍庙建筑的建筑规制等问题，进行过详细分析。并整理了有关城市等级、城高池深、城门数、城池之外南北东西的设置、城池形状的信息表。皆是本文重要的基础。

图，姑且称为建置图①。

典型建置图有两种规格，省城图、7帧府图、甘肃行都司共9帧为大幅跨页，其余为小幅单页②。大小图幅布局相类，沿边有单道粗线黑框，框内右上角，有双短线与原框角线围成小格，格中有府名或县名竖书，如陕西省城图、咸阳县等。此外，框中上部基本都有倒书"南"字，与下部为"北"字，标示方向，而在两字之间画出城。以三道线及其上密布之雉堞标示城墙，墙上有城门，而在城墙围合区域内，有双道直线标示道路街巷。在道路围合的区域内，是数量较多、类似建筑立面的图形③，其大小有异，旁标有文字多为建筑名称，当是单体或建筑群之标示。同时也有见直接画方格，格中书写建筑名称者，但数量较少。在城墙之外，有单道细线或双道细线框起的场地，并标有相应名称。此外，图中空白处，多见附有文字说明"城高、池深"，有些图上还增加说明与附近巡检司或递运所的距离。整本通志所见县、卫及府城图，表现手法基本一致，未见有变化，当为同一时期之创造④。

① 在排印本中，配图是组合到各行政单元中的。卷七建置沿革提及"故于诸建置各图以尽之而弁于其首，庶览者按图而征说，若视诸掌云"，当是将图放在文字之前。

② 根据排印本说明，排印本的图皆按照原图制作。见排印本后记。

③ 图形极为简单，大致分上下两部分，下部为长边作底之长方形，上部为庑殿正立面形。简繁略有差异，如下部底边或有复线、长方形中部有加拱门或竖线分间，而庑殿部分或将脊线作双线。从咸阳县一图中可见，此表示建筑群的立面，或有等级考量，如咸阳县由两立面图形标出，前为重檐屋顶门楼，后为带台基有分间的带屋脊庑殿，是画面中体量最大者，而城隍庙为无台基、不带分间的长方形单线庑殿，草场外观与城隍庙一致，形体更小且没有前三座建筑屋顶的瓦线，或有逐级简化之规划。同样，在临潼县图示中，城墙内建筑形式皆无瓦线，仅布政分司、按察分司两者示出台基线，二者体量又比临潼县小。

④ 根据赵廷瑞所写《陕西通志序》，以往的成化旧志，已经"板佚其半"。主要编撰者马理提到"建置沿革"一章，是对以往的错误"悉加正焉"，二人皆未提及建置图延续他处。另外，在"陕西通志引用诸书"一节中列有"河套西域图"，而马理序中提及"寻考河套西域吾故疆也，具有城郭、物产在其土地；建置沿革见诸图籍。爰收而载焉"，可见引用"收"录当被记载。故基本可以认为，嘉靖《陕西通志》"建置沿革"纲所见丰富配图，当为通志编撰时所作之规划。康熙二年，贾汉复编撰《陕西通志》的"凡例"一节，明确"图考皆遵旧志所载"，想来古人修志，对转载部分大抵有相关说明。

嘉靖《陕西通志》建置图中所列建筑① 表1

| 类型<br>地区 | 公署 | 学校 | 祠祀 | 其他1 |
|---|---|---|---|---|
| 省城 | 屯田道、巡按察院、布政分司、长安县、按察司、清军道、都察院、西安府、布政司、汧阳王府、西安后卫、西安右护卫、秦府、税课司、保安王府、永兴王府、太府、总督府、都司、京兆驿、总府、咸宁县、西安左卫、郃阳王府、清军察院、提学道、永寿王府、巡茶察院、杂造局、军器局、西安前卫、宜川王府、官厅、东十里铺、西安递运所、教场、养济院、永丰仓 | 咸宁县学、府学、长安县学、射圃、贡院 | 文庙、城隍庙、郡厉坛、董子祠 | 钟楼、鼓楼 |
| 咸阳县 | 布政分司、咸阳县、察院、渭水驿、草场、养济院、预备仓、阴阳学、医学、府署、递运所、抽分厂 | 儒学、社学 | 文庙、城隍庙、社稷坛、邑厉坛、风云雷雨山川坛 | |
| 兴平县 | 养济院、府署、预备仓、医学、阴阳学、僧会司、布政分司、察院、兴平县、白渠驿 | 儒学 | 文庙、城隍庙、风云雷雨山川坛、社稷坛、邑厉坛 | |
| 临潼县 | 布政分司、按察分司、临潼县、府署、新丰驿 | 儒学 | 城隍庙、文庙、社稷坛、邑厉坛、风云雷雨山川坛 | |
| 高陵县 | 养济院、阴阳医学、按察分司、预备仓、高陵县、府署、布政分司、演武亭 | 社学、儒学、敬一亭 | 城隍庙、文庙、启圣祠、乡贤祠、社稷坛、邑厉坛、风云雷雨山川坛 | 北泉精舍、状元坊 |
| 鄠县 | 布政分司、鄠县、按察分司、府署 | 射圃、儒学 | 程明道祠、城隍庙、社稷坛、邑厉坛、风云雷雨山川坛、文庙 | |
| 蓝田县 | 察院、布政分司、按察分司、蓝田县、府署、僧会司、阴阳医学、演武亭 | 敬一亭、儒学 | 城隍庙、启圣祠、文庙、社稷坛、邑厉坛、风云雨雪山川坛 | |

① 附加表格中所见单体或群体名称，整理顺序多为大致顺时针方向。而分类参见了明代的地方志及清代康熙《陕西通志》。如康熙《陕西通志》阴阳学医学列为公署，嘉靖《河间府志》也将阴阳医学列入公署。

续表

| 类型<br>地区 | 公署 | 学校 | 祠祀 | 其他[1] |
| --- | --- | --- | --- | --- |
| 泾阳县 | 广盈仓、布政分司、泾阳县、按察分司、府署、水利道 | 射圃、儒学、文庙 | 城隍庙、社稷坛、邑厉坛、风云雷雨山川坛 | 钟楼 |
| 盩厔县 | 布政分司、阴阳医学、盩厔县、察院、府署 | 儒学 | 城隍庙、文庙、社稷坛、邑厉坛、风云雷雨山川坛 | |
| 三原县 | 税课司、建忠驿、布政分司、城隍庙、三原县、总铺、府署、按察分司、养济院、演武厅 | 敬一亭、儒学、弘道书院 | 文庙、学古书院、社稷坛、邑厉坛、风云雨雪山川坛 | 卫公祠、忠节祠、彰德祠、嵳峩书院 |
| 商州 | 营房、防守司、布政分司、按察分司、预备仓、官仓、府署、总铺、商州、阴阳学、医学、养济院 | 儒学 | 契庙、城隍庙、社稷坛、郡厉坛、风云雷雨山川坛、文庙 | 原都祠 |
| 镇安县 | 布政分司、镇安县、府署、预备仓、阴阳学、医学 | 社学、儒学 | 城隍庙、文庙、邑厉坛、风云雷雨山川坛、社稷坛 | |
| 洛南县 | 按察分司、洛南县、布政分司、府署、预备仓 | 儒学 | 文庙、城隍庙、邑厉坛、风云雷雨山川坛、社稷坛 | |
| 山阳县 | 府署、山阳县、按察分司、预备仓、布政分司、养济院、阴阳学、医学、总铺 | 儒学、射圃、社学 | 文庙、城隍庙、社稷坛、邑厉坛、风云雷雨山川坛 | |
| 商南县 | 府署、按察分司、布政分司、商南县、养济院 | 儒学 | 城隍庙、启圣祠、文庙、社稷坛、邑厉坛、风云雷雨山川坛 | |
| 同州 | 同州、布政分司、察院、按察分司 | 儒学 | 城隍庙、文庙、社稷坛、邑厉坛、风云雷雨山川坛 | |
| 朝邑县 | 按察分司、朝邑县、察院、府署、布政分司 | 儒学 | 城隍庙、文庙、启圣祠、社稷坛、邑厉坛、风云雷雨山川坛 | |

续表

| 地区＼类型 | 公署 | 学校 | 祠祀 | 其他[1] |
| --- | --- | --- | --- | --- |
| 郃阳县 | 郃阳县、府署、社学、布政分司、察院、在城铺、养济院 | 儒学 | 文庙、城隍庙、社稷坛、邑厉坛、风云雷雨山川坛 | |
| 澄城县 | 申明亭、澄城县、按察分司、养济院、府署、布政分司、预备仓 | 社学、儒学 | 城隍庙、启圣祠、文庙、社稷坛、邑厉坛、风云雷雨山川坛 | |
| 白水县 | 白水县、按察分司养济院、布政分司、府署、在城铺 | 儒学 | 文庙、城隍庙、社稷坛、邑厉坛、风云雷雨山川坛 | |
| 韩城县 | 韩城县、税课司、在城铺、察院、布政分司、关内道、养济院 | 儒学 | 城隍庙、文庙、社稷坛、邑厉坛、风云雷雨山川坛 | |
| 华州 | 医学、阴阳学、华州、华山驿、税课司、按察分司、布政分司、道正司、僧正司 | 儒学、射圃 | 文庙、城隍庙、社稷坛、郡厉坛、风云雷雨山川坛 | |
| 华阴县 | 预备仓、递运所、华阴县、潼津驿、府署、察院、分司、布政分司、官厅、在城铺 | 儒学 | 城隍庙、文庙、社稷坛、邑厉坛、风云雷雨山川坛 | |
| 渭南县 | 渭南县、察院、预备仓、丰原驿、布政分司、小馆驿、关内道、府署 | 儒学 | 文庙、城隍庙、社稷坛、邑厉坛、风云雷雨山川坛 | 文昌祠 |
| 蒲城县 | 布政分司、蒲城县、府署、按察分司、总铺 | 儒学、社学 | 城隍庙、文庙、社稷坛、邑厉坛、风云雷雨山川坛 | |
| 耀州 | 布政分司、僧会司、预备仓、耀州、察院、养济院、总铺、府署、顺义驿、阴阳医学 | 儒学、社学 | 文庙、城隍庙、社稷坛、邑厉坛、风云雷雨山川坛 | |
| 同官县 | 同官县、漆水驿、府署、布政分司、察院 | 儒学 | 城隍庙、文庙、社稷坛、邑厉坛、风云雷雨山川坛 | |
| 富平县 | 富平县、文庙、按察分司、布政分司、府署、总铺 | 儒学 | 城隍庙、社稷坛、邑厉坛、风云雷雨山川坛 | |

续表

| 类型<br>地区 | 公署 | 学校 | 祠祀 | 其他[1] |
|---|---|---|---|---|
| 干州 | 演武亭、养济院、威盛驿、递运所、府署、旌善亭、在城铺、申明亭、按察分司、布政分司、预备仓、干州、官仓 | 射圃、儒学 | 城隍庙、文庙、社稷坛、郡厉坛、风云雷雨山川坛 | 钟楼 |
| 醴泉县 | 官仓、按察分司、醴泉县、关内道、养济院、布政分司、预备仓、教场 | 儒学 | 城隍庙、启圣祠、文庙、社稷坛、邑厉坛、风云雷雨山川坛 | |
| 武功县 | 武功县、文庙、察院、邰城驿、布政分司、府署、按察分司、在城铺、养济院 | 儒学 | 城隍庙、社稷坛、邑厉坛、风云雷雨山川坛 | |
| 永寿县 | 养济院、永安驿、布政分司、按察分司、永寿县、关内道、预备仓、府署、教场 | 儒学 | 城隍庙、文庙、社稷坛、邑厉坛、风云雷雨山川坛 | |
| 邠州 | 递运所、新平驿、布政分司、察院、邠州、医学、阴阳学、府署、税课司、养济院 | 儒学 | 范公祠、文庙、城隍庙、社稷坛、邑厉坛、风云雷雨山川坛 | |
| 淳化县 | 府署、按察分司、养济院、惠民局、布政分司、淳化县、僧会司 | 儒学 | 文庙、城隍庙、社稷坛、邑厉坛、风云雷雨山川坛 | |
| 三水县 | 阴阳学、布政分司、三水县、按察分司、府署、医学 | 儒学、社学 | 城隍庙、文庙、社稷坛、邑厉坛、风云雷雨山川坛 | |
| 潼关卫 | 潼关驿、指挥使司、兵备道、军器库、税课司、察院、杂造局、演武教场、递运所 | 儒学 | 文庙、城隍庙、旗纛庙 | 杨震祠 |
| 凤翔府图 | 广积仓、凤翔县、预备仓、养济院、王府仓、分守道、守御千户所、关西道、察院、岐阳驿、布政分司、分司、凤翔府、税课司、演武厅 | 府学、县学 | 文庙、城隍庙、社稷坛、郡厉坛、风云雷雨山川坛 | 书院 |
| 岐山县 | 岐周驿、按察分司、布政分司、岐山县、府署、阴阳医学 | 儒学 | 城隍庙、文庙、社稷坛、邑厉坛、风云雷雨山川坛、文昌祠 | |

续表

| 类型<br>地区 | 公署 | 学校 | 祠祀 | 其他[1] |
| --- | --- | --- | --- | --- |
| 宝鸡县 | 养济院、宝鸡县、按察分司、陈仓驿、布政分司、预备仓、府署、虢川巡检司、散关巡检司、演武亭、东河驿 | 儒学 | 文庙、城隍庙、社稷坛、邑厉坛、风云雷雨山川坛 | |
| 扶风县 | 关西道、医学、阴阳学、扶风县、凤泉驿、布政分司、按察分司、都察院、演武教场 | 儒学 | 文庙、城隍庙、社稷坛、邑厉坛、风云雷雨山川坛 | |
| 郿县 | 郿县、布政分司、按察分司、府署、演武亭 | 儒学、敬一亭 | 文庙、张先生祠、城隍庙、社稷坛、邑厉坛、风云雷雨山川坛 | 圣公祠 |
| 麟游县 | 养济院、按察分司、麟游县、预备仓、布政分司、府署、旌善亭、石窑巡检司 | 儒学、社学 | 城隍庙、文庙、社稷坛、邑厉坛、风云雷雨山川坛 | |
| 陇州 | 察院、养济院、陇州、儒学、按察分司、布政分司、社学、演武亭 | | 城隍庙、文庙、社稷坛、郡厉坛、风云雷雨山川坛 | |
| 汧阳县 | 按察分司、养济院、府署、都察院、汧阳县、布政分司、在城铺 | 社学、儒学 | 社稷坛、城隍庙、文庙、邑厉坛、风云雷雨山川坛 | |
| 汉中府 | 都察院、公馆、守备厅、养济院、官局、汉阳驿、道纪司、汉中府、察院、布政分司、关南道、阴阳医学、税课司、司狱司、预备仓、广积仓、总铺、南郑县、武学、汉中卫、僧纲司、民教场、武教场 | 县学、府学 | 城隍庙、、文庙、社稷坛、郡厉坛、风云雷雨山川坛 | 鸣池 |
| 褒城县 | 褒城县、预备仓、医学、开山驿、布政分司、按察分司 | 儒学 | 城隍庙、文庙、社稷坛、邑厉坛、风云雷雨山川坛 | |
| 城固县 | 预备仓、城固县、养济院、布政分司、按察分司、阴阳学、府署 | 儒学 | 城隍庙、文庙、社稷坛、邑厉坛、风云雷雨山川坛 | |
| 洋县 | 府署、洋县、仓、按察分司、布政分司 | 儒学、射圃 | 城隍庙、文庙、社稷坛、邑厉坛、风云雷雨山川坛 | 五云宫 |

续表

| 地区＼类型 | 公署 | 学校 | 祠祀 | 其他[1] |
| --- | --- | --- | --- | --- |
| 西乡县 | 西乡县、僧会司、府署、阴阳医学、养济院、布政分司、按察分司、千户所、故县仓 | 儒学 | 文庙、城隍庙、社稷坛、邑厉坛、风云雷雨山川坛 | |
| 凤县 | 养济院、阴阳学、府署、凤县、梁山驿、僧会司、按察分司、布政分司、县仓 | 儒学 | 城隍庙、文庙、社稷坛、邑厉坛、风云雷雨山川坛 | |
| 宁羌县 | 僧正司、宁羌仓、宁羌卫、宁羌州、布政分司、按察分司、阴阳医学 | 儒学、射圃 | 城隍庙、文庙、社稷坛、邑厉坛、风云雷雨山川坛 | |
| 沔县 | 布政分司、按察分司、顺政驿、沔县、僧会司、医学、守御千户所、阴阳学 | 儒学 | 城隍庙、文庙、社稷坛、邑厉坛、风云雷雨山川坛 | |
| 略阳县 | 嘉陵驿、按察分司、略阳县 | 儒学、射圃 | 文庙、城隍庙、社稷坛、邑厉坛、风云雷雨山川坛 | |
| 金州 | 金盈仓、守御千户所、按察分司、布政分司、医学、阴阳学、金州、预备仓、文庙、府署、税课司、教场 | 儒学 | 城隍庙、社稷坛、郡厉坛、风云雷雨山川坛 | 鼓楼 |
| 平利县 | 平利县、按察分司、布政分司、医学、僧会司、阴阳学、府署 | 儒学 | 城隍庙、文庙、社稷坛、邑厉坛、风云雷雨山川坛 | |
| 石泉县 | 道会司、察院、医学、石泉县、分司、阴阳学、养济院、僧会司 | 社学、儒学 | 城隍庙、文庙、社稷坛、邑厉坛、风云雷雨山川坛 | |
| 洵阳县 | 僧会司、医学、洵阳县、阴阳学、按察分司、察院、布政分司 | 儒学 | 文庙、城隍庙、邑厉坛、风云雷雨山川坛、社稷坛 | |
| 汉阴县 | 阴阳学、医学、汉阴县、预备仓、养济院、总铺、分司、府署 | 儒学 | 文庙、城隍庙、社稷坛、邑厉坛、风云雷雨山川坛 | |
| 白河县 | 布政分司、按察分司、白河县 | 儒学 | 文庙、城隍庙、邑厉坛、风云雷雨山川坛、社稷坛 | 原都祠 |

续表

| 类型<br>地区 | 公署 | 学校 | 祠祀 | 其他[1] |
|---|---|---|---|---|
| 紫阳县 | 僧会司、布政分司、府署、紫阳县、医学、道会司、按察分司 | 儒学 | 城隍庙、社稷坛、邑厉坛、风云雷雨山川坛 | 文庙基 |
| 平凉府图 | 平凉府、西德王府、布政分司、关西道、雄胆仓、苑马司、按察分司；乐平王府、平凉卫、太仆寺、通渭府、韩王府、褒城府、高平王府、仪卫司、安东中护卫、彰化王府、长史司、汉阴王府、群牧所、僧纲司、道纪司、平凉县、医学、阴阳学、高平驿、递运所、税课司 | 儒学、县学 | 文庙、城隍庙、（县）文庙、社稷坛、郡厉坛、风云雷雨山川坛 | |
| 崇信县 | 税课司、阴阳学、崇信县、医学、按察分司、布政分司 | 儒学 | 城隍庙、文庙、社稷坛、邑厉坛、风云雷雨山川坛 | |
| 华亭县 | 华亭县、布政分司、按察分司、养济院 | 儒学 | 城隍庙、文庙、社稷坛、邑厉坛、风云雷雨山川坛 | |
| 镇原县 | 镇原县、府署、养济院、阴阳医学、察院、布政分司 | 儒学 | 文庙、城隍庙、社稷坛、邑厉坛、风云雷雨山川坛 | 七星殿 |
| 固原州 | 草场、杂造局、神器库、制府、固原卫、长乐监、按察分司、固原州、总府、分司、都司、都察院、批验所、永宁驿、金家凹巡检司 | 儒学 | 城隍庙、风云雷雨山川坛、社稷坛、郡厉坛 | |
| 泾州 | 按察分司、安定驿、布政分司、泾州、阴阳学、医学 | 儒学、射圃 | 文庙、城隍庙、社稷坛、郡厉坛、风云雷雨山川坛 | |
| 灵台县 | 阴阳学、税课司、灵台县、按察分司、医学、演武亭 | 儒学 | 城隍庙、文庙、社稷坛、邑厉坛、风云雷雨山川坛 | |
| 静宁县 | 僧正司、递运所、布政分司、静宁州、预备仓、按察分司、道正司、医学、泾阳驿、阴阳学 | 儒学、射圃 | 文庙、启圣祠、城隍庙、社稷坛、邑厉坛、风云雷雨山川坛 | |

续表

| 类型<br>地区 | 公署 | 学校 | 祠祀 | 其他[1] |
|---|---|---|---|---|
| 庄浪县 | 阴阳医学、县仓、庄浪县、按察分司 | 儒学、射圃 | 城隍庙、文庙、社稷坛、邑厉坛、风云雷雨山川坛 | |
| 隆德县 | 按察分司、隆德递运所、布政分司、预备仓、隆德县、隆城驿 | 儒学、 | 城隍庙、文庙、社稷坛、邑厉坛、风云雷雨山川坛 | |
| 巩昌府图 | 养济院、西察院、东察院、通远驿、边备道、分守道、分巡道、僧纲司、医学、司狱司、丰赡仓、阴阳学、陇西县、巩昌卫、军器局、巩昌府、北关递运所、税课司、提学道 | 儒学、县学 | 文庙、城隍庙、社稷坛、郡厉坛、风云雷雨山川坛 | |
| 安定县 | 安定县、按察分司、布政分司、府署、预备仓、税课司、养济院、延寿驿、教场、安定递运所 | 儒学、射圃 | 城隍庙、文庙、启圣祠、社稷坛、邑厉坛、风云雷雨山川坛 | |
| 会宁县 | 布政分司、会宁县、按察分司、医学、阴阳学、保宁驿、府署、递运所、税课局 | 儒学 | 文庙、城隍庙、社稷坛、邑厉坛、风云雷雨山川坛 | |
| 通渭县 | 察院、通渭县、养济院、分司 | 儒学、射圃 | 文庙、城隍庙、社稷坛、邑厉坛、风云雷雨山川坛 | |
| 漳县 | 察院、漳县、阴阳学、医学 | 儒学、射圃 | 城隍庙、文庙、启圣祠、社稷坛、邑厉坛、风云雷雨山川坛 | |
| 宁远县 | 按察分司、宁远县、府署、阴阳学、医学、预备仓、布政分司、养济院、察院、教场 | 射圃、儒学 | 城隍庙、文庙、邑厉坛、风云雷雨山川坛、社稷坛 | |
| 伏羌县 | 按察分司、伏羌县、府署、布政分司、察院、阴阳学、养济院 | 儒学 | 城隍庙、文庙、社稷坛、风云雷雨山川坛、教场、邑厉坛 | |

续表

| 类型<br>地区 | 公署 | 学校 | 祠祀 | 其他[1] |
|---|---|---|---|---|
| 西和县 | 布政分司、按察分司、西和县、预备仓 | 儒学 | 文庙、城隍庙、社稷坛、邑厉坛、风云雷雨山川坛 | |
| 成县 | 养济院、府署、成县、按察分司、布政分司、察院、教场 | 儒学 | 城隍庙、文庙、社稷坛、郡厉坛、风云雷雨山川坛 | 古城 |
| 秦州 | 养济院、税课司、布政分司、广益仓、按察分司、秦州、镇抚司、秦州卫、左所、军器局、预备仓 | 儒学、射圃 | 城隍庙、文庙、社稷坛、郡厉坛、风云雷雨山川坛 | |
| 秦安县 | 秦安县、府署、按察分司、察院、养济院、教场 | 儒学 | 城隍庙、文庙、社稷坛、邑厉坛、风云雷雨山川坛 | |
| 清水县 | 按察分司、养济院、清水县、府署、布政分司、分司 | 儒学、敬一亭 | 城隍庙、社稷坛、邑厉坛、风云雷雨山川坛、文庙 | 通泉 |
| 礼县 | 府署、礼县、布政分司、按察分司、养济院 | 儒学 | 文庙、城隍庙、社稷坛、邑厉坛、风云雷雨山川坛 | |
| 阶县 | 守备都司、永济仓、千户所、预备仓、阶州、布政分司、府署 | 射圃、儒学 | 文庙、城隍庙、社稷坛、郡厉坛、风云雷雨山川坛 | |
| 文县 | 预备仓、文县、按察分司、布政分司、丰膳仓、府署、教场 | 儒学 | 邑厉坛、城隍庙、文庙、启圣祠、风云雷雨山川坛、社稷坛 | |
| 徽州 | 公馆、徽州、徽山驿、养济院、察院、布政分司 | 儒学 | 城隍庙、文庙、社稷坛、郡厉坛、风云雷雨山川坛 | 烈女祠 |
| 两当县 | 城池内：察院、两当县、陇右道、黄华驿、阴阳学、养济院 | 儒学、敬一亭、射圃 | 城隍庙、启圣祠、文庙、社稷坛、邑厉坛、风云雷雨山川坛 | |

续表

| 类型<br>地区 | 公署 | 学校 | 祠祀 | 其他[1] |
|---|---|---|---|---|
| 临洮府图 | 察院、广储仓、杂造局、狄道县、临洮卫、临洮府、按察分司、洮阳驿、布政分司、府养济院、卫养济院、司狱司、阴阳学、医学、演武厅、税课司 | 射圃、府学、县学 | 城隍庙、府文庙、县文庙、社稷坛、郡厉坛、风云雷雨山川坛 | |
| 渭源县 | 养济院、渭源县、府署、按察分司、察院、庆平驿、布政分司 | 儒学 | 文庙、社稷坛、邑厉坛、风云雷雨山川坛 | |
| 兰州 | 淳化府、按察分司、铅山府、肃府、仪衙司、长史司、甘州中护卫、军器库、兰州卫、广积仓、守备厅、察院、布政分司、兰州、府署、税课司、递运所、草场、兰泉驿 | 儒学 | 城隍庙、文庙、郡厉坛、风云雷雨山川坛、社稷坛 | |
| 金县 | 养济院、布政分司、按察分司、府署、预备仓、金县、教场、漏泽园 | 儒学 | 启圣祠、文庙、城隍庙、社稷坛、邑厉坛、风云雷雨山川坛 | |
| 河州 | 按察分司、河州卫、河州、察院、杂造局、河州仓、茶马司、守备厅、凤林驿 | 儒学、敬一亭 | 城隍庙、文庙、社稷坛、邑厉坛、风云雷雨山川坛、启圣祠 | |
| 庆阳府 | 分守道、庆阳卫、安化县、县仓、布政分司、弘化驿、按察分司、察院、在城铺、庆阳府、府仓、永盈仓、阴阳学、医学、养济院、弘化递运所、僧纲司、税课司、教场 | 射圃、儒学、县儒学 | 城隍庙、乡贤祠、文庙、韩范祠、社稷坛、北坛、县文庙、风云雷雨坛、郡厉坛 | |
| 合水县 | 府署、察院、布政分司、县仓、合水县、阴阳学 | 儒学 | 城隍庙、文庙、社稷坛、邑厉坛、风云雷雨山川坛 | |
| 环县 | 府署、察院、布政分司、环县、守备厅、前千户所、灵武驿、灵武递运所、演武亭 | 射圃亭、敬一亭、儒学 | 启圣祠、文庙、邑厉坛、风云雷雨山川坛、社稷坛 | 灵武台 |

续表

| 类型<br>地区 | 公署 | 学校 | 祠祀 | 其他[1] |
|---|---|---|---|---|
| 宁州 | 宁州、按察分司、布政分司、僧正司、阴阳医学、递运所、彭原驿 | 儒学、射圃亭 | 文庙、城隍庙、社稷坛、郡厉坛、风云雷雨山川坛 | |
| 真宁县 | 察院、布政分司、真宁县、文庙、府署、医学、阴阳学、漏泽园 | 儒学、射圃 | 城隍庙、名宦祠、乡贤祠、邑厉坛、风云雷雨山川坛、社稷坛 | |
| 延安府 | 延丰仓、布政分司、按察分司、总铺、察院、肤施县、延安卫、阴阳学、河西道、延安府、医学、县预备仓、税课司、金明驿、府预备仓、马政房、养济院、教场 | 县学、府学 | 城隍庙、文庙、韩范祠、府文庙、社稷坛、郡厉坛、风云雷雨山川坛 | |
| 安塞县 | 府署、总铺、医学、安塞县、阴阳学、预备仓、按察分司、布政分司、养济院 | 儒学 | 城隍庙、文庙、社稷坛、邑厉坛、风云雷雨山川坛 | |
| 甘泉县 | 预备仓、甘泉县、抚安驿、府署、按察分司、布政分司、阴阳医学、演武亭、养济院 | 儒学、社学 | 城隍庙、文庙、启圣祠、社稷坛、邑厉坛、风云雷雨山川坛 | 书院 |
| 安定县 | 布政分司、安定县、预备仓、按察分司 | 儒学 | 城隍庙、文庙、社稷坛、邑厉坛、风云雷雨山川坛 | 许公祠 |
| 保安县 | 府署、保安县、按察分司、预备仓、养济院 | 儒学 | 城隍庙、文庙、社稷坛、邑厉坛、风云雷雨山川坛 | |
| 宜川县 | 宜川县、按察分司、僧会司、医学、阴阳学、布政分司、预备仓、养济院 | 儒学 | 文庙、城隍庙、社稷坛、邑厉坛、风云雷雨山川坛 | |
| 延川县 | 城池内：预备仓、延川县、布政分司、按察分司、河西道、社学、养济院、演武厅 | 儒学 | 文庙、城隍庙、社稷坛、邑厉坛、风云雷雨山川坛 | |
| 延长县 | 官仓、延长县、府署、察院、预备仓、布政分司、榜房、养济院、演武厅 | 儒学 | 文庙、城隍庙、社稷坛、邑厉坛、风云雷雨山川坛 | |

续表

| 地区＼类型 | 公署 | 学校 | 祠祀 | 其他[1] |
|---|---|---|---|---|
| 清涧县 | 养济院、按察分司、府署、清涧县、医学、阴阳学、在城铺、布政分司、石嘴岔驿 | 社学、儒学 | 城隍庙、文庙、社稷坛、邑厉坛、风云雷雨山川坛 | |
| 鄜州 | 鄜州、按察分司、布政分司、鄜城驿 | 儒学 | 城隍庙、社稷坛、郡厉坛、风云雷雨山川坛、文庙 | |
| 洛川县 | 税课司、布政分司、洛川县、按察分司、府署、医学、阴阳学教场、养济院 | 儒学 | 文庙、城隍庙、社稷坛、邑厉坛、风云雷雨山川坛 | |
| 中部县 | 医学、翟道驿、官仓、中部县、府署、旧司、察院、养济院 | 儒学、射圃亭 | 城隍庙、文昌祠、文庙、社稷坛、邑厉坛、风云雷雨山川坛 | 坊州碑亭 |
| 宜君县 | 云阳驿、宜君县、布政分司、按察分司、阴阳医学 | 儒学 | 城隍庙、文庙、社稷坛、邑厉坛、风云雷雨山川坛 | |
| 绥德州 | 按察分司、察院、绥德卫、都府、道正司、绥德州、阴阳学、青阳驿、军器局、税课司 | 儒学 | 文庙、城隍庙、社稷坛、郡厉坛、风云雷雨山川坛 | |
| 米脂县 | 预备仓、按察分司、米脂县、布政分司、银川驿、都察院 | 儒学 | 城隍庙、文庙、邑厉坛、风云雷雨山川坛、社稷坛 | |
| 葭州 | 按察分司、葭州、医学、阴阳学、布政分司、养济院、教场、府署 | 儒学 | 城隍庙、文庙、郡厉坛、社稷坛、风云雷雨山川坛 | |
| 吴堡县 | 吴堡县、阴阳学、按察分司、布政分司、医学、河西驿、教场 | 儒学 | 城隍庙、文庙、社稷坛、邑厉坛、风云雷雨山川坛 | |
| 神木县 | 总铺、医学、神木县、预备仓、府署、僧会司、养济院、千户所、按察分司、参将府、阴阳学 | 儒学、社学 | 城隍庙、文庙、社稷坛、邑厉坛、风云雷雨山川坛 | |
| 府谷县 | 府署、按察分司、预备仓、府谷县、阴阳医学、养济院 | 儒学 | 城隍庙、文庙、社稷坛、邑厉坛、风云雷雨山川坛 | |

续表

| 类型<br>地区 | 公署 | 学校 | 祠祀 | 其他[1] |
| --- | --- | --- | --- | --- |
| 宁夏等卫 | 都司、养济院、前卫、察院、中屯卫仓、帅府、公议府、左护卫、真宁王府、巩昌王府、都察院、阴阳学、右卫仓、左卫仓、游击府、按察分司、丰林王府、庆府、草场、右卫、杂造局、寿阳王府、宁夏卫、医学、中屯卫、教场、馆驿 | 射圃、儒学 | 城隍庙、文庙、风云雷雨山川坛、社稷坛 | |
| 宁夏中卫 | 草场、守备厅、宁夏中卫、杂造局、河西道、养济院、中卫仓 | 儒学 | 文庙、城隍庙 | |
| 洮州卫 | 守备厅、洮州卫、按察分司、杂造局、茶马司、洮州驿、广丰仓、进马厂 | 儒学 | 文庙、城隍庙、厉坛 | |
| 岷州卫 | 岷州卫、岷山驿、边备道、丰赡仓、按察分司、布政分司 | 儒学 | 文庙、城隍庙、社稷坛、厉坛、风云雷雨山川坛 | |
| 榆林卫 | 广有仓、榆林卫、布政分司、广储仓、总兵府、府署、都察院、税课司、按察分司、榆林驿、都司 | 儒学 | 文庙、城隍庙、社稷坛、厉坛、风云雷雨山川坛 | |
| 靖虏卫 | 军器局、靖虏卫、按察分司、广盈仓、守备厅、会州驿 | 儒学 | 城隍庙、文庙、厉坛 | |
| 甘肃行都司[2] | 副总兵府、后卫、行太仆寺、右卫、太监府、总制府、左卫、甘泉驿、都察院、布政分司、行都司、察院、西宁道、中卫、前卫、总兵府、帅府、监鎗府 | 儒学 | 城隍庙、文庙、社稷坛、厉坛、风云雷雨山川坛、旗纛庙 | |
| 肃州卫 | 预备仓、按察分司、永丰仓、都指挥司、杂造局、察院、布政分司 | 儒学 | 文庙、城隍庙、社稷坛、厉坛、风云雷雨山川坛 | |
| 永昌卫 | 杂造局、草场、都指挥司、永昌仓、察院、布政分司、游击厅、预备仓 | 儒学 | 城隍庙、文庙、社稷坛、厉坛（在城北三十里）、风云雷雨山川坛、旗纛庙 | 水磨 |
| 凉州卫 | 草场、广储仓、镇守府、协副府、凉州卫、帅府、布政分司、察院、西宁道 | 儒学 | 文庙、城隍庙、社稷坛、厉坛、风云雷雨山川坛 | |

续表

| 类型<br>地区 | 公署 | 学校 | 祠祀 | 其他[1] |
|---|---|---|---|---|
| 镇番卫 | 都察院、镇番卫、草场、杂造局、西宁道、参将府、预备仓 | 儒学 | 城隍庙、文庙、社稷坛、厉坛、风云雷雨山川坛、旗纛庙 | |
| 庄浪卫 | 布政分司、庄浪卫、察院、西宁道、递运所、庄浪驿、镇守府、都察院、演武厅 | 儒学 | 城隍庙、文庙、社稷坛、厉坛、风云雷雨山川坛 | |
| 西宁卫 | 草场、茶马司、西宁卫、察院、在城驿、南察院、按察分司、西宁仓 | 儒学 | 城隍庙、文庙、社稷坛、厉坛、风云雷雨山川坛 | |
| 镇夷卫 | 官仓、西宁道、预备仓、杂造局、守御千户所、草场、镇远驿 | | 城隍庙、社稷坛、厉坛、风云雷雨山川坛 | |
| 古浪所 | 布政分司、察院、草场、杂造局、千户所、丰盈仓、预备仓、古浪驿、递运所、演武厅 | | 城隍庙、厉坛 | |
| 高台所 | 草场、守御官厅、千户所、布政分司、察院、富积仓、预备仓、杂造局 | | 城隍庙、厉坛、风云雷雨山川坛、社稷坛 | |
| 灵州所 | 高桥儿驿、灵州仓、草场、千户所、河西道、高桥儿递运所 | 儒学 | 城隍庙、文庙、厉坛 | |

1 此类城市设施不易归类，各地方志归类亦不统一，如嘉靖《建宁府志》鼓楼、钟楼皆归为公署，而有些则不列为公署。根据巫鸿的研究，“鼓楼既属于官方，又扮演公共角色，因而在维持帝王统治权威及建构大众社区两方面都发挥了作用”（巫鸿,《时空中的美术》，北京：生活·读书·新知三联书店，2009年，第109页），本文将此类康熙《陕西通志》中不载入公署、学校、祠祀篇章的建筑，单列为其他一项。

2 见（明）赵廷瑞主修《陕西通志》，第453页，“据明史及本志，应为陕西行都司。”

表1所见，是陕西嘉靖时期记录下的各城市及卫所，城池之内的公署、学校、庙坛等建筑的设置情况。公署中包含有：分封各地的王府，承宣布政使司所辖府、州、县等的各级行政机构单位，提刑按察使司统辖的监察、司法机构，陕西都指挥使司所领各处二十六卫、守御千户所四、演武厅、军器局所等兵防军事设施，布政司派出各地的分守道及各级分司，按察司派出各地的分巡道及按察分司，按照专门事务分工组建的提学、粮

储、清军等专务道。公署中还有负责具体执行事务之机构，如负责运输的驿站及递运所，以及主管茶政、马政的行太仆寺、苑马司等设施，阴阳学、医学等教育机构，以及丰盈仓、养济院、漏泽园等防灾救济设施。学校主要是儒学教育机构，与科举制度相因应。各级城市中，建置图基本都标示出文庙、城隍庙、厉坛、社稷坛、风云雷雨山川坛，以及旗纛庙、先贤祠等举办官方祭祀活动的建筑，是城市空间构成的重要因素。

包含创建新城、修筑旧城活动在内的明代造城运动，是明王朝重建行政体系的重要构成部分①，从表中可知，每一个城市，其行政、教育、祭祀、军事机构，从府到州县，数量由繁至简，都是作为帝国统治体系中的环节而存在。城市中的城池、公署、学校、典祀建筑，共同参与地方城市的运转，城池用于防御、公署用于政本、学校用于育才②，县、州、府逐级承担相应责任，层层搭建明帝国管理架构。而明代中央通过藩王分封，加强对地方城市的掌控、监督与管理体制，也以驻地王府体现在建置图。在边地、腹地③直到中央的帝国网络中，陕西各级城市，皆纳入“纲维之势”中，而等级体系越高的城市，行政设置越复杂，建置图中所见的建筑单体或群体更多，相应的，城周更长、城墙更高、城池更深④。

## 二、嘉靖《陕西通志》与康熙《陕西通志》所见城市图比较⑤

康熙二年（1663年），清代官员贾汉复⑥组织编撰《陕西通志》，目录之后、卷一之前为“星象图”、“地图”及“城郭”三部。城郭有周都三朝图、秦八徙都咸阳图（阿房宫附）、汉四迁都长安图、隋都城图、唐都城三内图，反

---

① 王贵祥，《明代建城运动概说》，《中国建筑史论汇刊 第一辑》，清华大学出版社，2009年，第172页。

② 参见康熙《深州志》序。

③ 雍正《陕西通志》卷十四“城池”有“由腹逮边、大小维系”语。《影印文渊阁四库全书》。

④ 请见葛天任论文所分析者。

⑤ 本标题所用图例，嘉靖时期者皆源于（明）赵廷瑞主修《陕西通志》，陕西地方志办公室总校点本，三秦出版社，2005年；康熙时期者，皆源于清初刻本。

⑥ 贾汉复于顺治十七年进呈过《河南府志》。贾氏所编两部省通志，对清代通志的编撰颇有影响，据《钦定四库全书·史部十一》收录之雍正《陕西通志》之“凡例”，“旧志成于康熙初年，前抚臣贾汉复之手，贾尝抚豫再抚秦，其所撰两省通志，朝议取为他省程式。”本文所提及的康熙《陕西通志》指的是贾汉复主持，李楷等人所纂辑者。

映历史变迁，有反映当时状况者：会城图、府属州县城图，延安府城郭图、府属州县城图，平凉府城廓图、府属州县城图，庆阳府城郭图、府属州县城图，凤翔府城郭图、府属州县城图，巩昌府城郭图、府属州县城图，汉中府城图、府属州县城图，兴安州城图、所属州县图，延绥镇城图、所属营堡图，宁夏镇城图、所属营堡图，固原镇城图、所属卫所图，甘肃镇城图、所属卫所图。其中的会城图及各城郭图、城图皆示出城池、公署、学校等建筑。

嘉靖《陕西通志》建置图与康熙《陕西通志》城郭图之比较　　表2

| 嘉靖《陕西通志》 | | 康熙《陕西通志》 | | | 配置之变化 | 图式之变化[1] |
|---|---|---|---|---|---|---|
| 图名 | 城池规模 | 图名 | 城池规模 | 城池沿革 | | |
| 《陕西省城图》（图1） | 城周四十里，高三丈，阔四丈，池深二丈，阔八尺 | 《会城图》（图2） | 周四十里，高三丈，池深二丈，阔八尺 | 即隋唐京城，宋金元皆因之，明初都督濮英增修 | 加题：北安远门、东长乐门、西安定门、南永宁门；<br>消失：东郭新城、东十里铺、屯田道、西安前卫、提学道、都司、总督府、太府，西安递运所、郡厉坛，多处王府消失或标示“今废”；<br>增设：废秦府、□□门、满城、会府、西五台、唐西内城址、文昌阁 | 城墙上示出马面，马面上多有硬楼。方向变为上北下南，四向展开式立面变为接近正南轴测图，明代所注方向取消 |
| 《凤翔府图》（图3） | 城周一十二里，高三丈，池深两丈 | 《凤翔府城廓图》（图4） | 城周一十二里三分，门四，高三丈，池深两丈五尺 | 唐末李茂贞始建，明景泰正德万历中屡重修 | 加题：西保和门、北宁远门、南景明门、东迎恩门；<br>增设：三公祠、窦明府祠、凌虚台、大成观、关王庙、镇抚司、金佛寺、景福寺、普觉寺、二司、都察院、泮宫；<br>消失：税课司、关西道、岐阳驿、布政分司 | 西北角多画出凤凰池，方向变为上北下南，四向展开式立面变为接近正南轴测图，明代所注方向取消 |

续表

| 嘉靖《陕西通志》 | | 康熙《陕西通志》 | | | 配置之变化 | 图式之变化[1] |
|---|---|---|---|---|---|---|
| 图名 | 城池规模 | 图名 | 城池规模 | 城池沿革 | | |
| 《汉中府图》（图5） | 城周九里三分，高三丈，池深一丈八尺 | 《汉中府城图》（图6） | 周九里三分，四门，高三丈，阔二丈五尺，池深一丈八尺，阔一丈 | 宋嘉定十二年始建，明洪武三年知府费震重修，正德五年甃以砖 | 加题：东朝阳门、西振武门、南望江门、北拱辰门；<br>增加：废瑞府、西察院、固山府、巡道、协镇府；<br>消失：阴阳医学、司狱司、关南道、武学 | 道路未画，上北下南，城墙表现方式为类似轴测图，东北角画出山，西南角画水道，题名汉江，明代所注方向取消 |
| 《平凉府图》（图7） | 城周十一里三分，高五丈，阔四丈五尺，池深五丈八尺 | 《平凉府城郭图》（图8） | 周九里三十步，高四丈，池深四丈，四门 | 唐德宗令刘昌增筑，元分为南北二城，明洪武初复修如旧 | 加题：北定北门、东和阳门、南万安门、西来远门，暖泉；<br>增加：塔寺、改正学书院、税课司、大平桥、会元坊、五侯庙、马厂、大马厂、岨谷寺、神霄后宫、崇文书院、旗纛庙、废韩王府、大佛寺、养济院、平凉县、关西道、都察院、局卫；<br>消失：王府七座，安东中护卫，仪卫司、褒城府、通渭府、僧纲司、文庙、平凉卫；<br>改题：原苑马司今题苑马寺 | 东北画有水道，西侧画水道，题泾河，由四向展开式立面转为类似正南轴测图，整体形态变化较大，明代所注方向取消 |

续表

| 嘉靖《陕西通志》 | | 康熙《陕西通志》 | | | 配置之变化 | 图式之变化[1] |
| --- | --- | --- | --- | --- | --- | --- |
| 图名 | 城池规模 | 图名 | 城池规模 | 城池沿革 | | |
| 《巩昌府图》(图9) | 城周九里，高三丈，池深一丈八尺 | 《巩昌府城郭图》(图10) | 周九里一百二十步，高四丈，池深三丈七尺，门四 | 汉唐无考，宋惟土城元拓甃以石，明重修 | 加题：南来薰门、东引晖门、北镇翔门、西柔远门；<br>消失：医学 | 由四向展开式立面转为类似正南轴测图，整体形态变化较大，明代所注方向取消 |
| 《临洮府图》(图11) | 城周九里三分，高三丈，池深二丈 | 《临洮府城图》(图12) | 周九里三分，高三丈，涧倍之 | 宋熙宁五年王韶大破羌人遂城武胜，金元因之，明洪武三年指挥孙德增筑 | 加题四门：北镇远门、西永宁门、南建安门、东大通门 | 西边画出水道，道路取消，由四向展开式立面转为类似正南轴测图，整体形态变化较大，明代所注方向取消 |
| 《庆阳府图》(图13) | | 《庆阳府城图》(图14) | 周七里高十余丈，引河为池，门四 | 明成化初参政朱英创筑固原为城 | 加题：南永春门、北德胜门、东安远门、西平定门；<br>增加：普照寺、兴教寺、泰山行祠、申明亭，□□道；<br>消失：在城铺 | 清代南、东、西三向加画出山水，墙下增加山岭线，由四向展开式立面转为类似正南轴测图，整体形态变化较大，城内道路取消 |
| 《延安府图》(图15) | 城周九里三分，高三丈，池深二丈 | 《延安府城郭图》(图16) | 周九里三分，高三丈，池深二丈 | 始建未详，宋范仲淹□籍继修，明洪武初知府崔陞复葺之 | 加题：北安定门、南显阳门、东东胜门 | 西墙画在一组山上，由四向展开式立面转为类似正南轴测图，明代所注方向取消，河道中水纹取消，城池整体形态比例调整较大 |

续表

| 嘉靖《陕西通志》 | | 康熙《陕西通志》 | | | 配置之变化 | 图式之变化[1] |
|---|---|---|---|---|---|---|
| 图名 | 城池规模 | 图名 | 城池规模 | 城池沿革 | | |
| 《榆林卫图》（图17） | 城周一十三里三百一十步，高三丈，池深一丈五尺 | 《延绥镇城图》（图18） | 城一十三里有奇，高三丈，池深一丈五尺 | 明正统中都督王□始建，成化八年巡抚余子俊增筑北城 | 加题：东门、南门、西门、北门；<br>其余建筑名称、位置保持一致 | 道路取消，明代所注方向取消，由三向展开式立面转为类似正南轴测图 |
| 《宁夏等卫》（图19） | 城周一十八里，高三丈五尺，池阔十丈 | 《宁夏镇城图》（图20） | 周一十八里，高三丈六尺，池深两丈门六 | 本赵德明旧址，元末寇□难守，弃其西半，明正统中复筑，谓之新城，万历三年巡抚罗凤翔重修 | 加题：南南薰门、北德胜门、北镇武门、东清和门、西镇远门；<br>消失：王府三座；<br>增加：唐渠、□渠 | 东西加示水道，由三向展开式立面转为类似正南轴测图 |
| 《金州》（图21） | 城周六里余，高一丈七尺，池深一丈 | 《兴安州城图》（图22） | 周七百一十四丈 | 旧称金州城，洪武四年建，万历十二年因水患徙今治，外甃以石，内封山斜上 | 加题：东门、北门、西北门、西门、南门；<br>消失：金州；<br>增加：兴安州 | 道路取消，明代所注方向取消，由四向展开式立面转为类似正南轴测图 |

续表

| 嘉靖《陕西通志》 | | 康熙《陕西通志》 | | | 配置之变化 | 图式之变化[1] |
|---|---|---|---|---|---|---|
| 图名 | 城池规模 | 图名 | 城池规模 | 城池沿革 | | |
| 《固原州》（图23） | 城周九里三分，高三丈，池深一丈五尺 | 《固原镇城郭图》（图24） | 周九里三分，高三丈，池深一丈五尺 | 宋咸平中曹玮始建，金兴定三年地震城圮，四年重筑，元末废，明景泰元年修复，成化三年徙□成县治于此，五年巡抚马文升令佥事杨冕增筑设楼橹 | 加题：北门、东门、南门、西门；<br>消失：按察分司；<br>增加：固原改道、广宁监、副府、圪塔寺、行中察院、粮仓、按察司 | 由四向展开式立面转为类似正南轴测图，城墙形态弧形皆变为折线形 |

1　嘉靖《陕西通志》所见建置图中，城墙多数示作闭合环线，最外环为雉堞，雉堞底为第一道闭合线，紧挨着为第二道闭合线，稍远些内侧为第三道闭合线，第二道与第三道闭合线之间，画出城门，城门向外多见重檐立面建筑打断雉堞，当表城门上之城楼类建筑。此类图中，城墙无论东西南北墙，皆是示出内墙面，如同墙皆向四面展开后之平面图；有少数图如洋县，则是南墙示出外墙，而其他三面仍是内墙，为三面展开式表达。

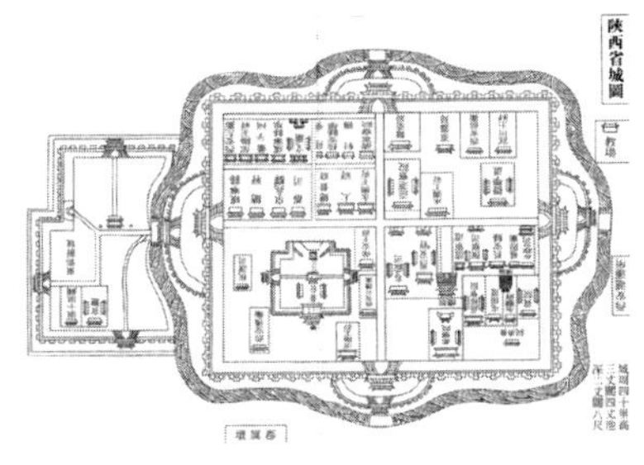


图1　陕西省城图

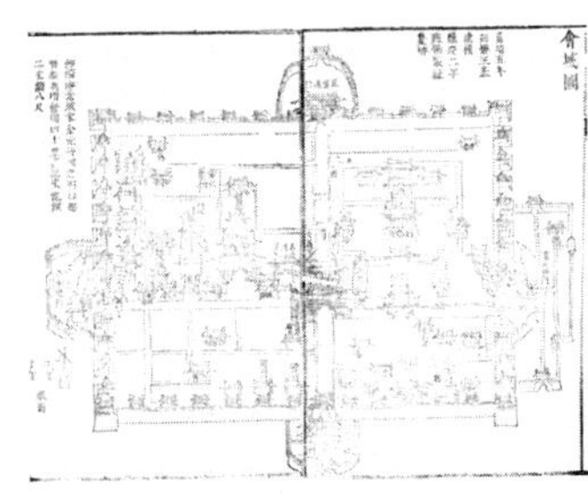


图2　会城图

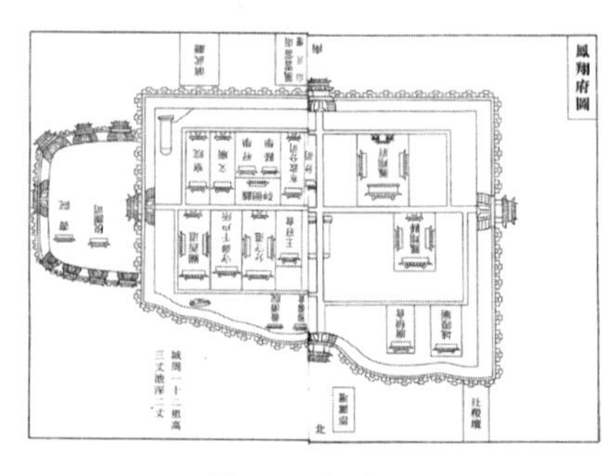


图3　凤翔府图

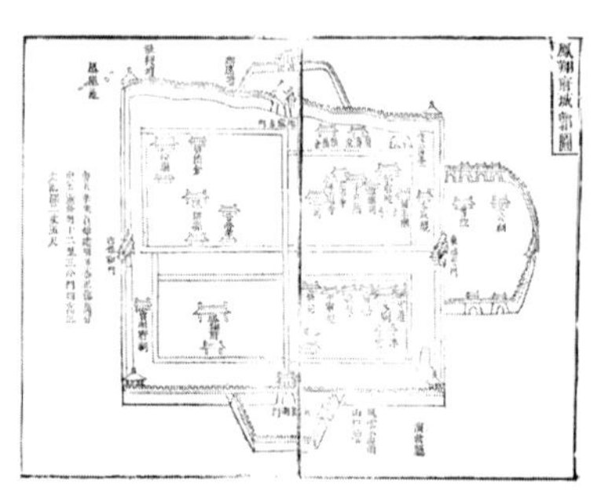


图4　凤翔府城郭图

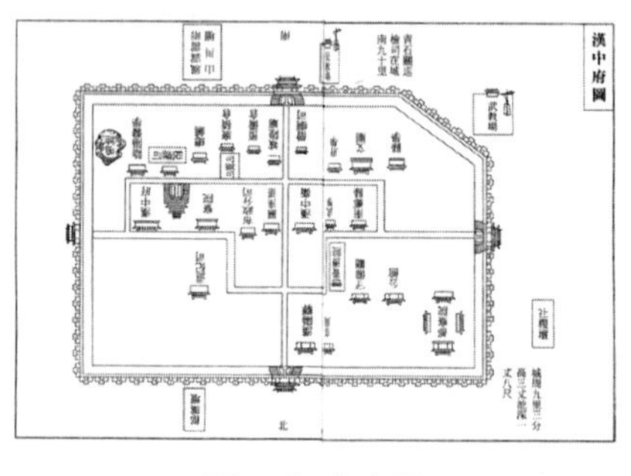


图5　汉中府图

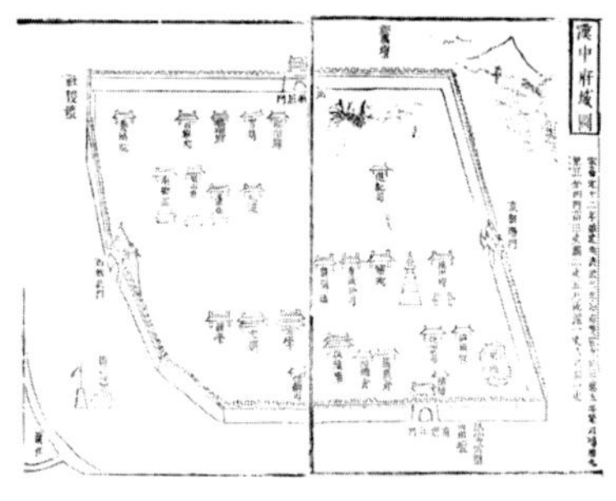


图6　汉中府城图

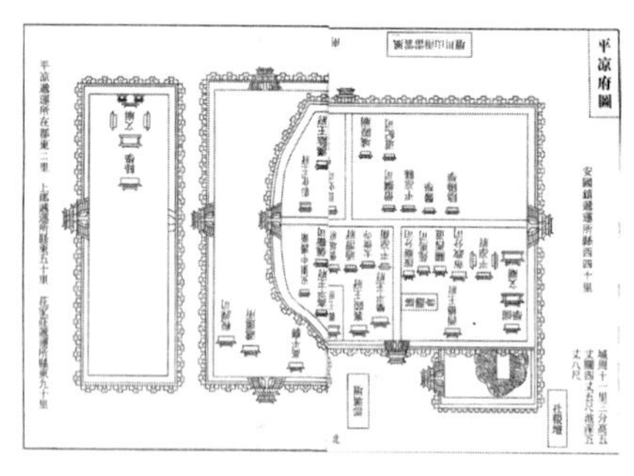


图7　平凉府图

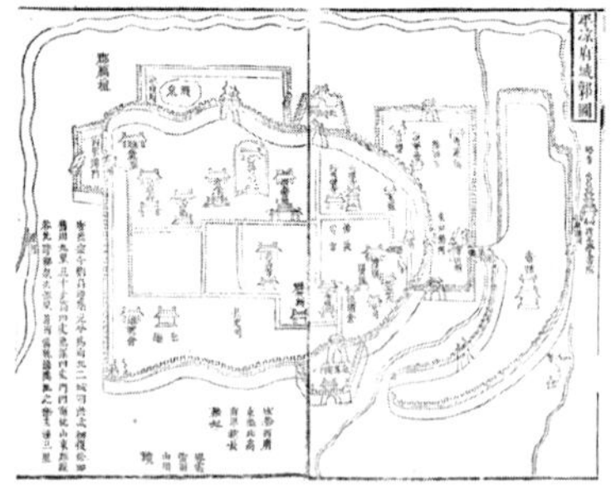


图8　平凉府城郭图

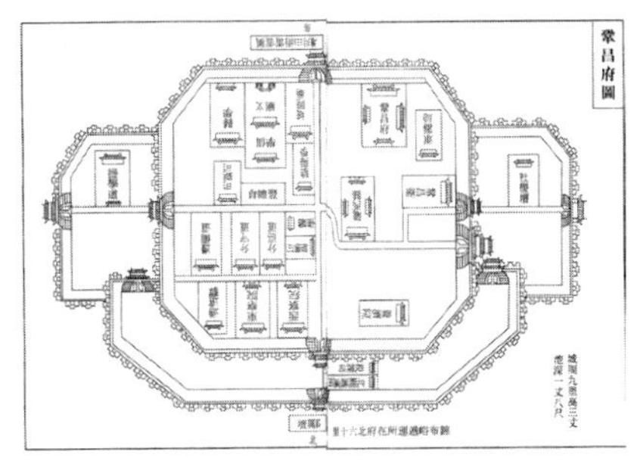


图9　巩昌府图

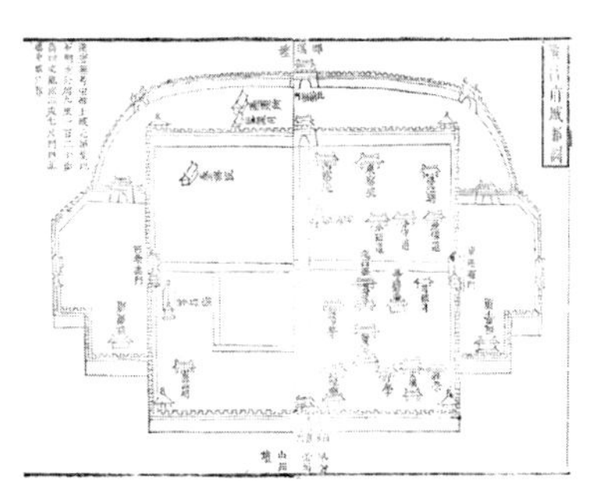

图10　巩昌府城郭图

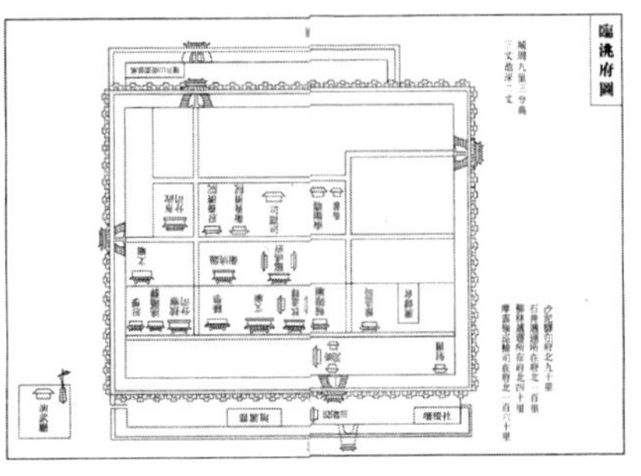


图11　临洮府图

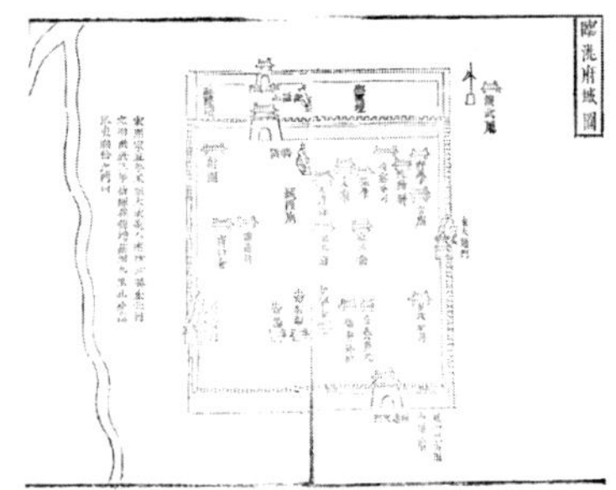


图12　临洮府城图

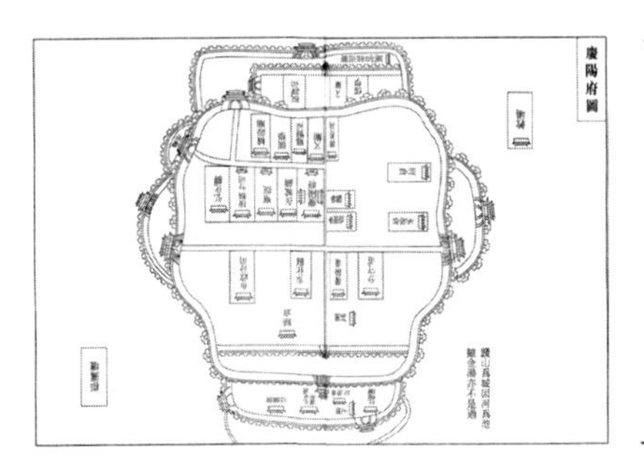


图13　庆阳府图

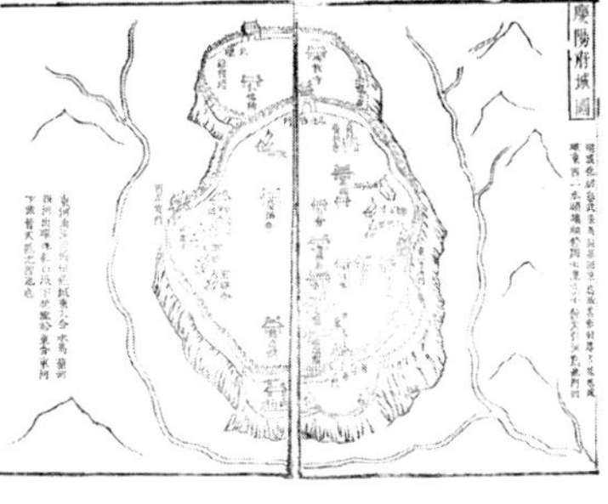


图14　庆阳府城图

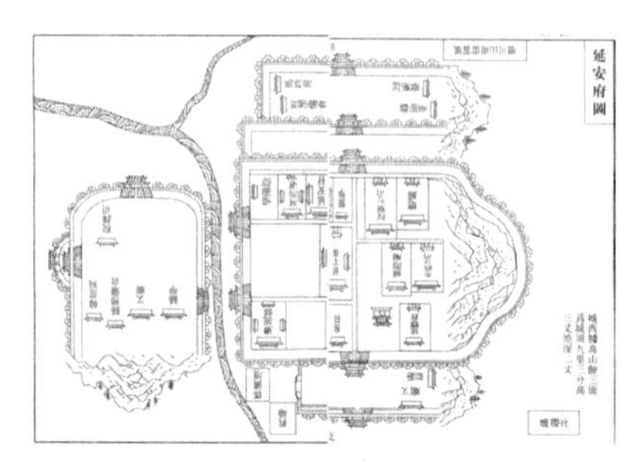


图15　延安府图

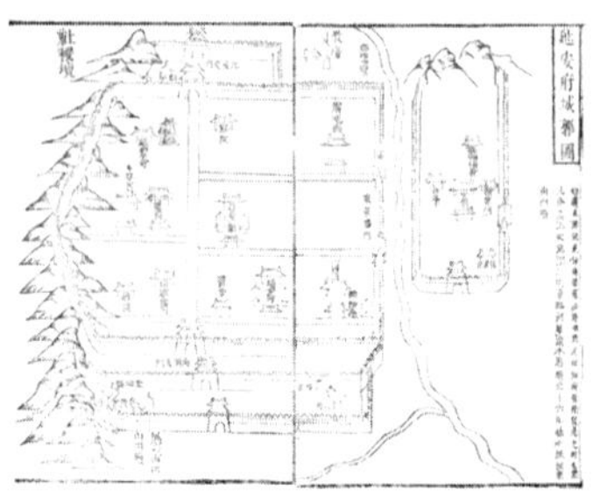


图16　延安府城郭图

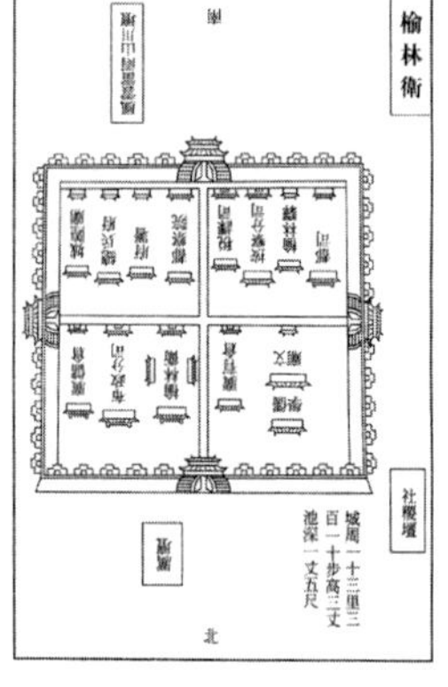


图17　榆林卫图

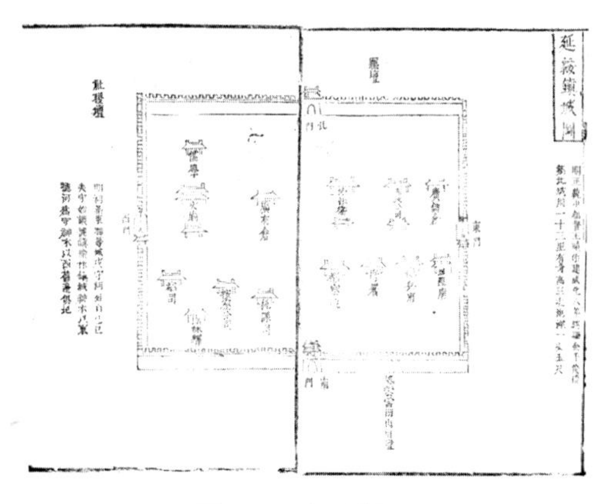


图18　延绥镇城图

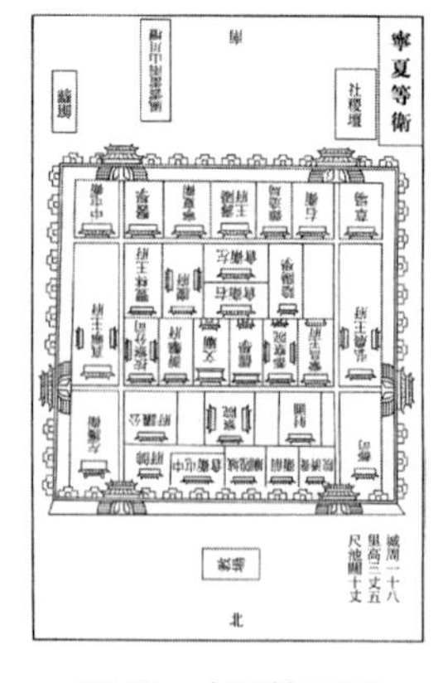


图19　宁夏等卫图

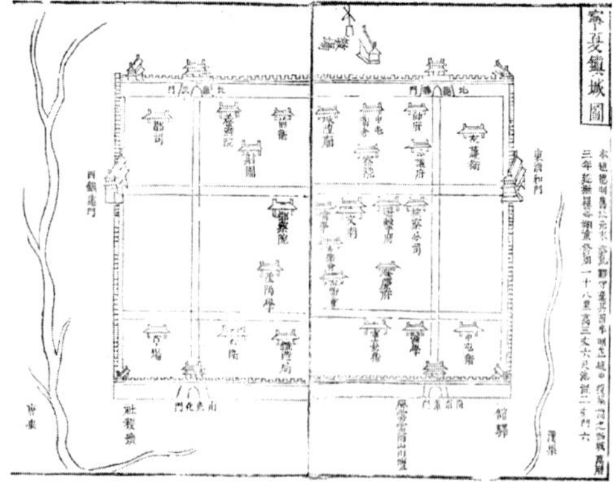


图20　宁夏镇城图

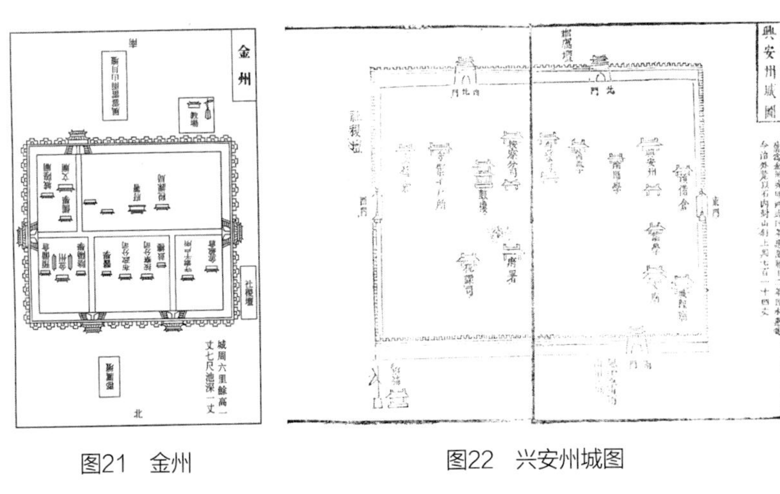


图21　金州

图22　兴安州城图

图23　固原州

图24　固原镇城郭图

嘉靖《陕西通志》未见记载城池沿革，通过康熙《陕西通志》城郭图榜文可知，在十二座主要城池中，三座明初创设者外，有九座延续旧有城池[1]，但也都有明代的修复、增筑记录。从两本通志所记载的城池规模

① 陕西在宋代是边陲重地，如范仲淹等人曾在此地经营边防，留下一批城池。其中明代府城多继承与修整宋元以来之孑遗。

来看，清代城池规模基本接近明代通志所载，有些城池更是数值一致。如此可知，明代城市建设运动，对陕西城市格局的确立，以及作为陕西清代城市发展的前身及基础，殆无疑也[①]。城池内部的建筑设置上，除了王府建筑因制度更替多为见弃，其他的行政设置则多有延续，变化较少。康熙《陕西通志》“公署”中所谓“而秦值兵燹之后，坍圮独甚，今之堂阶廨舍，虽时有增缮，率仍明旧，攸跻攸宁，匪云奢巨丽也。”从配置图上也可以看出，主要建筑多数保留，建筑位置多数亦未见变化，而延安府、榆林卫、兴安州则可说是原封摹写。

比较明清两本通志所见城市图示，延续是为重要特征，此与阅读嘉靖《陕西通志》有关编户等制度的文字时，频频见到的“皇清因之”一语相互呼应，当为斯时历史境况之真实写照。

## 三、嘉靖《陕西通志》中建置图的体例

在前文明清方志城市图示之比较中，除了清代城郭图方向调整为上北下南、图式语言调整等地图学的变化外，清代通志城郭图上两个变化值得注意：其一是加题城门名[②]，其二是增加了佛寺、桥梁等官司[③]之外的城市公共空间。在嘉靖陕西通志的建置图中，城门不名[④]，公共空间不记载，或与其独特之体例有关。

嘉靖通志的卷七开卷语，“若夫我皇明今日之制作：有城郭焉，其所在山川各异，则规模亦殊；有公署焉，有学校焉，有庙社及诸坛宇焉，其所在方所虽异，而制度则同。悉列之，则剧繁且复；总著之，则挂一漏万，亦未宜也。故于诸建置，各图以尽之，而弁于其首，庶览者按图而征说，若视诸掌云”，揭示建置图是用于城郭、公署、学校、庙社及坛宇的说明，并且替代了如康熙通志中城池、公署、学校、祠祀诸卷。此种“以

① 王贵祥，《明代建城运动概说》。

② 顺治年间，贾汉复编撰的《河南府志》中，《河南省城旧图》已将城门题写于城门上。

③ 嘉靖《陕西通志》“义例”，有“城郭公署沿革，载古今建置同异之详也。然皆官司焉”。

④ 下文分析可知，嘉靖通志中未排城池等纲目，故不能确切得知当时城门之名是否已存在，不过根据其他地区的唐宋文献推测，唐宋以来各地城池之城门，当皆有名称。

图代志”的体例是嘉靖《陕西通志》十分独特之处[1]，而编撰者也在目录中明确指出：“城郭、公署、学校、庙坛俱见图”。

此种“以图代志”体例，当是建置图中严格限制建筑名称的缘由之一，在表1之中，只有少数行政体系之外的建筑被记录。而实际上，这类建筑在城市中是极为大量的存在。在嘉靖通志的古迹卷中，就记录了大量亭、台、楼、阁等游赏类建筑，如洋县著名的为苏东坡吟咏过的涵虚亭、竹坞等，并且不吝篇幅地全文摘录下苏氏的相关诗句。而正是建置图所要表达的内容为编撰者裁定为官司建筑，是故，图中标示的建筑绝大多数是政治权力的象征[2]。如果将“以图代志”中，这些有针对性的建置图，与康熙《陕西通志》中放置于卷首的城郭图相比较，后者目的性不甚明确，其城郭图的寺庙、古迹内容增多，其表达的信息也更为综合多元。

显然，嘉靖《陕西通志》中建置图所见的官司建筑，仅仅是城市生活、城市空间的组成部分而已，只有结合文字描述而非图示的遗迹、古迹，以及文字也忽略的私人生活空间等，才可能组合还原出斯时城市空间的总体概貌。

## 四、结语

明代嘉靖年间编撰的《陕西通志》一书，应用大量的建置图，标示了明代陕西城市的城池、公署、学校以及庙坛等建筑的名称、位置，是研究分析明代城市构成的重要资料。建置图中所标示的建筑，是明朝帝国行政机构脉络之构成，构成了中央到地方各级城市的统治态势，而每个城市因等级差异，承担行政职责的不同，城池规模与城内建筑数量也有相应的增减。在明清更替之际，这些由明代城市运动所奠定的城市分布、城池规

① 根据地理学学人之研究，六朝后期至唐宋时期，作为方志前身的图经，是以图作为主体部分，经则是对图幅内容的简要说明，而后经记渐渐增大比重，图则由原来的主体渐次成为附属部分了。大约在隋朝，图少记多的地志初步成型。元明以降，方志汗牛充栋，府州县志、通志与一统志基本都是卷首有图的体例。参见邱新立、苏品红、潘晟、李孝聪等前辈之研究。

② 葛兆光，《思想史研究课堂讲录：视野、角度与方法》，生活·读书·新知三联书店，2005年。收录的《作为思想史资料的古舆图》谈到，明代的地方志舆图中没有民众的、私人的生活空间。

模、城市空间格局，基本由清代继承，这在康熙《陕西通志》中的城郭图都得以反映。

由斯时文人编撰的地方方志，成书之际，当先做整体之裁量，体现于纲目谋篇、分卷布局及图文安排中。今人借助这些地方志书研究分析城市时，或有以下两点值得注意：首先，由此产生的不同体例，配图所表达的信息或有差异，实不能一概而论。至少，嘉靖《陕西通志》中大量的建置图，是为替代表述城池、公署等制度的文字而作，当与城郭图、舆图、卷首图考等有所不同。其次，现今研读这些作为城市研究重要文献的地方志书，其表达的整体性不应被割裂开，无论图文所表达的不同内容，抑或各分卷的不同对象，都只是城市生活的某个侧面。在嘉靖《陕西通志》中，此般古人记录城市空间与城市生活的整体性，是建置图的严肃刻板，与古迹卷辑录诗文的灵秀悠闲并存兼有。

要之，清代地图中所标示出来的寺院，在明代文字部分也都有记录，也是城市记录的重要一环，明代之所以没有列出寺院，只是体例上的考虑，并不适宜将之简单化为明代对寺院等公共空间的忽视。

# 代后记：从艺术、技术到文化
## ——中国古代建筑史之木结构研究浅述[①]

回顾近代以降中国建筑历史的研究历程，实物与文献研究皆深受重视，实物研究是以木结构研究[②]为中心，文献研究则可谓以《营造法式》研究为中心。其中的木结构研究，在近百年探索中，若从研究观念与研究思维视角，到研究案例的分析方法与方向考察之，实有许多值得今人参照或反思的印痕。

### 一、木结构研究肇端

自1925年朱启钤先生出资成立营造学社后，到其1930年创立组建中国营造学社以来，略具科学意义之建筑历史研究初现端倪。早期的学社研究，以金石学、文献学、版本学、考据训诂为主，与斯时整理国故之潮流相互呼应，主要成果在于古代建筑文献收集与考订方面，而实物研究尚未成型，其中1925年陶版《李明仲营造法式》的整理刊行是重要里程碑[③]。

1930年后，梁思成先生与刘敦桢先生先后加入营造学社，两位均受过严谨的建筑学训练，他们拓展了当时学社的研究领域，引入了更科学的实地调研、测绘等方法，逐渐将建筑历史研究推进到科学的轨道中，对中国建筑历史研究基础的奠定积累产生深远影响，因之，反映学社研究的《中国营造学社汇刊》内容也渐渐转变为以遗存建筑实物调查报告为主体。于

① 中国建筑历史的研究，除了作为主体的中国大陆相关研究者外，域外的研究也十分重要，尤其是日本等国学者，对中国建筑历史研究的发展贡献良多。囿于学养与行文，本文主要以中国域内的建筑历史研究为主要讨论对象，而域内域外通盘全面的回顾与探讨则留待高明。本文韩文版曾发表在韩国建筑史学会汇刊，合作作者为韩国汉阳大学韩东洙教授。

② 木结构研究，本文所指为围绕中国传统建筑的木结构体系，如梁柱与屋架部分，展开的相关研究，其研究对象与《营造法式》中所谓“大木作制度”部分相当。

③ 林洙，《叩开鲁班的大门——中国营造学社史略》，中国建筑工业出版社，1995年。

1932年之前，梁思成先生通过参照比对实物、请教传统法师，研究清代木作资料遗存文献《工程做法则例》，其中针对有关各部构材名称及详样的名实考订，及应用工程学注释及科学图样表达的方法，可谓木结构科学研究之萌芽①。同样在1932年，中国营造学社成员梁思成先生等对蓟县独乐寺观音阁、山门实地考察测绘，并发表调查报告《蓟县独乐寺观音阁山门考》，是国人首次用科学方法对建筑遗物进行实地调查②，并且应用科学的研究体系与论证方法之研究成果，报告的内容中，首见针对柱、斗栱、梁枋、角梁、举折等木结构要素的分析，该研究体例在日后的研究中得到保持并深化修正。到1933年，在梁刘两位先生共同发表的《大同古建筑调查报告》中，明确指出“我国建筑之结构原则，就今日已知者，自史后迄于最近，皆以大木架构为主体。大木手法之变迁，即为构成各时代特征中之主要成分。”③ 这是梁刘诸位前辈构建中国建筑历史研究体系之重要的思想体现，也可谓确立木结构研究于中国建筑历史之核心位置的表述。

此后，木结构研究体系渐渐丰满成型，并随着三部中国建筑史④的完成而成为建筑历史领域不可或缺的构成，亦为培养后续力量的必备科目。学社已矣，研究活动转而主要由国家建委建筑科学研究院历史理论研究所、中国建筑研究室及各高等院校承担，而针对中国传统木结构的研究工作，仍为研究之重要构成。今日简略回顾前辈学人们有关木结构的丰硕成果，我们若以“梁刘体系”⑤作为参照，可以看出，相关的思考与论证，有关的研究思路与方法，亦在随着学科的发展，不断地深化或拓展。

---

① 梁思成，《清式营造则例》，《梁思成全集》第六卷，中国建筑工业出版社，2001年。

② 陈莘，《中国人对辽代建筑的研究》，北京大学考古文博学院毕业论文，2004年。

③ 梁思成、刘敦桢，《大同古建筑调查报告》，原载于《中国营造学社汇刊》1933年第四卷第三、四期。

④ 1945年梁思成先生写成一本《中国建筑史》，到1954年曾经油印作为教材；1962年建筑科学研究院理论历史研究室编著《中国古代建筑简史》；其后几经增补修改，于1966年定稿，至1980年出版了《中国古代建筑史》。见陈明达，《古代建筑史研究的基础和发展》，原载于《文物》1981年第5期。

⑤ “梁刘体系”之概念，参见赵辰，《域内外中国建筑研究思考》，原载《“立面”的误会 建筑·理论·历史》，生活·读书·新知三联书店，2007年。

## 二、研究理念的拓展、嬗变与更新

### 1. 从艺术史视角到技术研究

于1946年的四川李庄，梁思成完成《图像中国建筑史——关于中国建筑结构体系的发展及其形制演变的研究》，该书以时代为线索，较完整地梳理了古代木结构的发展历程，并表述了研究该“有机”历程所发现其发展之“内在逻辑”，即木结构从唐宋之成熟完美向明清之衰老退化[①]。该逻辑的立足点为木结构各部分的机能，其中最重要者是斗栱铺作的结构作用，并延展形成相应的分析体系，比如整体比例、斗栱高度与柱高比、补间铺作数量、柱子的径高比、构件的绝对尺寸等指标，研究表述相对注重木结构的艺术风格与风貌等感性认知。该研究思路历经长期思考，1934年林徽因在梁先生《清式营造则例》序言中，就提出中国建筑历史的发展经历了“始期”、“成熟”和“退化”三个阶段。此种历史叙事观念和结构源于西方学界的影响，在建构中国木结构的发展时，梁林主要参照的是当时流行的西方建筑史观[②]，特别是18世纪德国艺术史家温克尔曼（Johann J. Winkelmann）对希腊艺术和建筑的分期[③]。梁思成在英文版的《图像中国建筑史》中更明确地按照温克尔曼的系统，把进入成熟期以后的中国建筑分为唐、辽和北宋的“豪劲”时期（Period of Vigor），北宋晚期至元代的“醇和”时期（Period of Elegance）以及明清的“羁直”时期（Period of Rigidity）[④]。由梁先生确立的，此种木结构研究的艺术化倾向与风格定性分析，成为长期影响该领域的重要思维，该“有机的内在逻辑”也是日后

① 梁思成,《图像中国建筑史》前言部分，中国建筑工业出版社，1991年。
② 梁先生在《图说中国建筑史》的插图中，将中国的木结构比附为西方的柱式（order）。在下引巫鸿的文章中，提到“从史学史的角度说，这个分期系统首次赋予中国建筑史以一个明确的‘形状’，不能不说是一个重要的成就。但是从文化批评的角度看，这种成就的代价是把中国建筑的发展解释为希腊古典艺术的镜像。”
③ 赖德霖,《中国近代建筑史研究》，清华大学出版社，2007年。
④ 巫鸿,《美术史的形状》，原载《读书》2007年第8期。

木结构研究最常用的参照系[1]，在萧默的《中国建筑艺术史》[2]与侯幼彬的《中国建筑美学》[3]中，可以看到艺术思考的类似延续。

为补充与调整先前研究中重艺术轻技术的倾向，有关建筑技术研究在20世纪80年代相继开展，主要围绕结构形式与结构细节、技术发展等方面。在此之前，有关木结构受力状态等力学分析的研究亦已出现，主要成果有陈明达等的《从〈营造法式〉看北宋的力学成就》及王天的《古代大木作静力分析》[4]，皆是应用科学理论分析检验木结构受力的佳作。其后，陈氏的木结构技术研究以揭示木结构的发展变化规律为主，并完成了从战国到北宋间、从南宋到明清间两时段木结构建筑技术变迁的描述[5]，探寻了诸如井干壁向铺作发展等线索，并将铺作、用材规格化等技术命题推进到新高度。

陈氏基本立足已知资料的规律整理，为日后的规律应用探索未知资料提供了示范，傅熹年在北朝建筑技术研究中，以整体性与稳定性的提高为脉络，从不同时期的壁画及浅雕图像中，整理发掘了北朝的五种构架形式（图1），揭示推导了木构架逐步摆脱夯土墙发展为独立构架的过程。该演变过程与相关资料的年代顺序基本吻合，且符合技术进展的渐次规律，是建筑技术历史研究的佳构[6]。从应用科学原理的技术分析，到木结构发展规律的整理，再到以技术规律推演木结构发展的历史途径，木结构的技术研究呈现良好的递进性与前景。

---

① 汉宝德1982年发表《明、清建筑二论》中，以1.间架制度是否充分代表中国建筑的基本形式，木结构是否是中国建筑根本价值所在？2.间架与结构之价值是否一定建立在合理的结构原则与忠实的表现上？这两个问题，直指上述体系的立论基点，进行批判性反思。汉氏反对结构至上的机能主义观点，认为如此立论有将中国古代建筑复杂内核简单化的倾向，提醒相关研究应摆脱建筑研究等同于木结构研究的框限，并建议注意建筑形式以外的成就，这对拓展木结构研究的视角，颇有益处。

② 萧默主编，《中国建筑艺术史》，文物出版社，1999年。

③ 侯幼彬，《中国建筑美学》，黑龙江科学技术出版社，1997年。

④ 陈明达，《陈明达古建筑与雕塑史论》，文物出版社，1998年；王天，《古代大木作静力分析》，文物出版社，1992年。

⑤ 陈明达，《中国古代木结构建筑技术 战国—北宋》，文物出版社，1990年。陈明达，《陈明达古建筑与雕塑史论》，文物出版社，1998年。

⑥ 傅熹年，《中国古代建筑史 两晋、南北朝、隋唐、五代建筑》，中国建筑工业出版社，2001年；相关研究有：朱光亚，《探索江南明代大木作法的演进》，原载《南京工学院学报》（建筑学专刊）1983年。

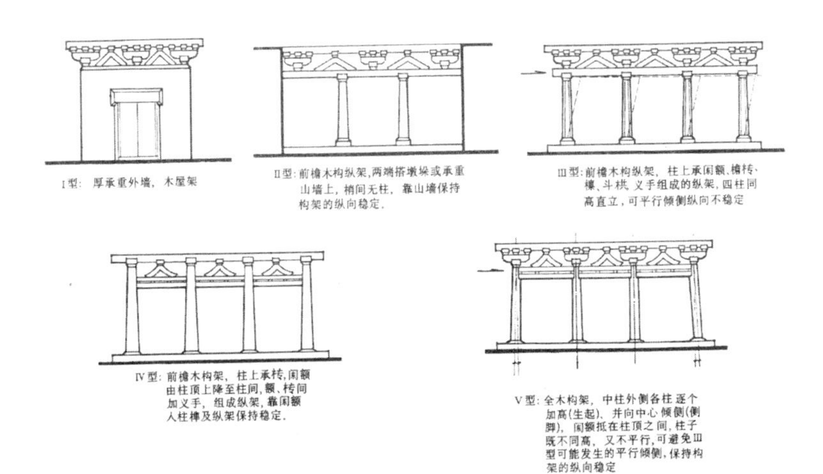


图1　北朝五种构架形式（傅熹年）

相关历史资料的整理揭示木结构从土木混合向全木结构的历程

木结构的技术研究，亦推动了相关领域的研究，如木结构的加工与工具、工匠的研究就是十分重要的基础研究，该领域已有成果表明，都处于存有基本研究架构，仍待深入的状态。曹汛的辽代木棺床研究较早注意到当时工匠施工技术的一些做法[①]，郭湖生指导李桢完成木工工具的博士研究论文，其中对平推刨与框锯的研究十分重要[②]。1966年，上海真如寺大殿发现工匠题字，并展开有关研究[③]，此后参与过该研究的路秉杰，借助相关历史文献，对在日本镰仓“天竺样”建筑营建中起重要作用的陈和卿展开研究，力图使建筑文化交流研究落实到具体样式与具名工匠的统一[④]。

① 前引《中国人对辽代建筑的研究》。

② 李桢，《刨与平推刨》，原载《文物》2001年第5期；刘国栋，《平推刨与框架锯在我国是何时出现的》，原载《文物》2001年第10期。

③《上海市郊元代建筑真如寺正殿中发现的工匠墨笔字》，原载《文物》1966年第3期。

④ 路秉杰，《日本大佛样与中国浙江“溪山第一门”》，原载《营造 第一辑》，杨鸿勋主编，文津出版社，2001年。

2. 空间视角由微而著

林徽因在1932年[①]提到组成中国建筑的最低单位是“间”，随后梁思成先生在《中国建筑史》中[②]明确提到了通常一座建筑由若干此种“四柱间之位置”构成，并提到该种构架具有墙体不承重的特点。到了刘敦桢先生主编的《中国古代建筑史》[③]中，先前此萌芽状态的空间意识被提升为以木构架结构为主的中国建筑体系平面布局所具有的组织规律，因之，木结构被看作空间构成的重要因素，分析研究木结构成为探讨空间与布局观念的途径之一。其中，木结构的平面柱网布局是空间布局分析最早的研究对象，针对柱网的讨论并引申到《营造法式》中的“槽”等概念[④]，而柱网中木构梁架的减柱与移柱则看作空间布局的手法，该分析对后学启发甚大。而探讨明清建筑群体配置的发达与成熟时，是否与明清木结构技术的成熟有关呢？是否单体建筑的高度装配化技术为外部空间的创作提供相当的技术支撑？这些都是值得关注的方向。可以看出，从最基本的构成单元“间”到群体配置，空间理论针对木结构的分析与解读，亦随着建筑学科高度的综合化，呈现从微观到宏观的全面与整体。

空间理论体系作为经典建筑理论之一，应用于木结构研究时，作为空间围合要素的研究对象之木结构，在得到该广阔成熟理论体系之依托，就可能将讨论深入到相关领域了，宏观而言可以沟通“道器”鸿沟，比如在空间创作意图层面可将木结构实物与礼仪、工官制度等关联上，场所精神层面则使得讨论木结构的象征与意匠成为可能[⑤]；微观而言，比如以空间构成的主次关系解读藻井，以空间的对称性分析木结构单元的重复特征，都颇贴切。但尤要注意的是，此类拓展不可太脱离历史的语境，亦不可使木结构的研究纯粹成为探索空间设计理论的注脚。

---

① 林徽因，《论中国建筑之几个特征》，原载《中国营造学社汇刊》第三卷1期，1932年。
② 梁思成，《中国建筑史》，明文书局，1989年。
③ 刘敦桢主编，《中国古代建筑史》，1984年。
④ 朱永春，《［营造法式］殿阁地盘分槽图新探》，原载《建筑师》2006年12期。该文梳理以往有关“槽”研究的数种不同意见，而后提出著者的意见。
⑤ 参见李允鉌，《华夏意匠》，华风书局，1982年，等研究。

3. 文化视角的勃兴

1930年，朱启钤在中国营造学社创立演讲中提到："吾民族之文化进展，其一部分寄之于建筑，建筑于吾人最密切，自有建筑，而后有社会组织，而后有声名文物。其相辅以彰者，在可以觇其年代，由此而文化进展之痕迹显焉"[①]，提倡建筑历史研究之文化视角，在先辈们研究中亦多关注文化对建筑之影响者[②]，而后20世纪80年代，文化热思潮又深刻触动了建筑历史研究，对木结构研究理念的推动亦然，现择其简要者表述如下。

（1）地域文化视角

中国各地地理环境差异甚大，前辈学者在广泛实地调查阶段，及抗战时期偏居西南时，已然注意到各地域木结构的差异性[③]，只是初始建构相关历史体系，适当地简略了地域间的差别[④]。其后随该学科的发展，在研究者深入的学术自觉，及地域文化研究兴起等推动下，地域建筑文化探寻逐渐成形，对木结构地域特性的研究亦日益精进[⑤]。地域木结构研究可分两层次，一为知地域性其然，一为求其所以然，前者主要以实地调研测绘为主，作为后者的基础资料，其中作为研究支点的地域划分，应以研究时

---

① 朱启钤，《中国营造学社开会讲演词》，转引自林洙，《叩开鲁班的大门——中国营造学社史略》，中国建筑工业出版社，1995年。原载于《中国营造学社汇刊》1930年7月第一卷第一期。

② 刘敦桢先生研究云南建筑时，曾整理《云南历史文化》一文，见《刘敦桢文集》第三集《云南西北部古建筑调查日记》；另刘先生发表于1928年的《佛教对于中国建筑之影响》，为该方向的不刊佳构，见《刘敦桢文集》，中国建筑工业出版社，1984年。

③ 参见刘敦桢先生的相关调查报告，《刘敦桢文集》，中国建筑工业出版社，1984年。

④ 梁思成先生在1942年的《图说中国建筑史》中，注意到"远离文化政治中心的边远地区"可能的滞后性，并列出"南方的构造方法"小专题，但未深入展开讨论。

⑤ 该研究领域主要有：柴泽俊、张驭寰等的山西木结构研究，朱光亚、张十庆等的江南木结构研究，方拥、杨昌鸣、曹春平等的闽南木结构研究，吴庆洲、程建军等的岭南木结构研究等，以及近年王其亨的甘肃地区木结构研究。

段的历史文化区划为准[①]，并注意地域文化形成发展中的动态因素[②]。木结构的地域视角契合古代相对交通不便、交流不畅之历史况境，清晰的地域独特性是整体体系统一性的基础[③]，地域线索可与最常用之时代线索互为经纬，共同建构全面整体的建筑历史，其中适地且适时地处理特性与整体之关系，是木结构地域研究的关键。

由于独特的历史环境，在建筑文化发展进程中，地域间建筑文化差异可能由于历史文化因素，而发展为所谓官式与民间之区分，其制度上的差异尤其明显，然“官式建筑的技术都是来源于民间建筑的，可以说正是民间建筑的技术发展、积累到一定阶段以后，通过工匠的迁徙、交流、发展、定型，才逐渐形成了某一时期官式建筑的特色”[④]，二者关系互为依存又自成特色，此与中国古代社会结构、历史进程与文化地理变迁，及工官制度与工役体系皆有密切关联[⑤]，也影响了该领域研究的进程与深度。首先对大量民间建筑的调研整理，及不同朝代官式建筑的源流之梳理，工作量惊人却是深入的必要基础；再者如何将二者的制度差异具体化到实物层面，转化为可直接比照的建筑体系，以及处理好民间建筑的朝代滞后性及对官式的摹仿现象，并避免官式抬梁民间穿斗等简单机械区分，仍待努力。梁先生较早就提到官式建筑，刘先生亦注意到明清时期[⑥]官式建筑高度定型与地方特色凸显的现象，为日后讨论奠定基础，而现阶段将该方向深入者，以潘谷西主持的明代官式建筑范式研究较为显著。

---

① 有关地域文化区划者，有依现有行政区划的，比如80年代系列民居研究者；有依历史文化区域者，比如徽州建筑研究者；相关历史地理、文化地理界的成果值得关注，另外河流流域，以及史学界的汉代“徐州”、南北朝的“凉州”、“邺城”、唐代“关中”等概念，都应有启发意义。类似考古界的区系划分，朱光亚完成《中国古代木结构谱系再研究》，原载上海同济大学2007年《第四届中国建筑史学国际研讨会》论文集。

② 其中朝代更替、统一或分裂的转换、交通情况变化、移民进出等，都对地域建筑文化有极大影响。另外，越晚期的各地域建筑文化，因混杂而使得源流难辨，其地域性建筑的历史梳理研究之偶然性会增大。

③ 据傅熹年《试论唐至明代官式建筑的发展脉络及其与地方传统的关系》，五代时期是地域建筑文化形成的关键阶段，原载《文物》1999年第10期。

④ 郭华瑜，《明代官式建筑大木作》，2005年，东南大学出版社。

⑤ 参见《华夏意匠》等论述。

⑥ 参见梁思成，《中国古代建筑史》；刘敦桢主编，《中国古代建筑史》。

（2）考古视角

1949年以后，随着大量科学挖掘成果问世，以及中国上古历史研究中唯物史观的确立，不断出现的新材料深受重视，一再影响着中国古代历史研究，也推动了考古等学科的大力发展。随着上古时期与木结构有关素材的出土与积累，木结构溯源等领域的研究亦成为可能。溯源是建筑历史之不朽命题，研究萌芽期的木结构亦颇重要，然由于缺少直接遗存，研究时多得借助考古材料或应用文明史观等考古学思维，以将吉光片羽般的线索连接成清晰的历史图景。具体研究似可分为：应用考古资料于木结构的研究、应用考古方法收集与保存木结构相关信息、理论性的研究与解释包含在各种木结构信息中的因果关系、借助考古理论论证存在于木结构早期发展过程中的规律等方面。

早先，梁先生仅是将崖墓、阙、石室三种遗存作为木结构研究之佐证，陈明达以汉阙遗存推演汉代结构形式应算是木结构考古之先声[①]，后续类似研究主要有傅熹年的战国时期建筑研究、汉宝德的斗栱起源研究、刘叙杰的汉代建筑研究，以及杨鸿勋极力推动的建筑考古学[②]。比如，陕西凤翔出土的金属构件，使得战国时期的木结构结点的研究成为可能[③]，战国时期的棺椁榫卯，成为同时期木结构的有力参照。考古视角中以有关历史规律的整理与应用最值得注意，比如陈薇尝试借助新近考古资料，以文化选择角度研究相关问题[④]，对木结构溯源尤有意义，可视作考古视角宏大化与整体化之体现。必须看到，建立考古之视角对建筑学体系培养的建筑历史研究者而言，在宗教、制度、风俗等方面的知识补充，以及相关研究方法的训练，都是必要与急切的，考古学界的宿白《白沙宋墓》[⑤]等研究可以作为学习与努力之参考。

① 陈明达，《汉代的石阙》，原载《文物》1961年第3期；陈明达，《中国古达木结构建筑技术 战国—北宋》，文物出版社，1990年。另外，陈明达还参加了四川蓬山汉代崖墓的考古，以建筑史的角度撰写相关报告，见殷力欣，《“一定要有自己的建筑学体系”记杰出的建筑历史学家陈明达先生》，原载《建筑创作》2006年第6期。
② 杨鸿勋，《建筑考古三十年综述》，原载《建筑历史与理论》第3、4合辑。
③ 杨鸿勋，《凤翔出土春秋秦宫铜构——金工》，原载《考古》1976年第2期。
④ 陈薇，《木结构作为先进技术和社会意识的选择》，原载《建筑师》2003年第6期。
⑤ 宿白，《白沙宋墓》，文物出版社，1957年。

考古视角应用间接材料研究木结构时，图像学分析等方法是较受倚重者，在木结构建筑实物外，仿木砖石结构、石窟雕刻、画像砖石、壁画、古代书画[①]、雕塑作品、金银铜器、墓葬明器等历史材料，其中蕴含有关木结构的信息，经由图像的分析加工及解读研究，亦可补充木结构研究的素材资料。从梁思成先生在《我们所知道的唐代佛寺与宫殿》研究中做出示范后，辜其一的四川唐代摩崖图像研究，张家泰的隋代建筑研究，傅熹年针对战国铜器刻画及应用石窟图像的研究，钟晓青的北朝石窟窟檐建筑研究等，都是优秀的范例[②]。敦煌作为文化信息宝库，其有关建筑的图像尤为丰富，建立其上的木结构研究无疑是图像分析应用之高峰，其中萧默的《敦煌建筑研究》，对唐代木结构研究贡献良多（图2），后续则有孙毅华的唐代斗栱分析[③]，另外还有王其亨以壁画图像，梳理歇山屋顶流布的研究[④]。

图2　敦煌壁画木结构信息研究（萧默）
敦煌盛唐172窟南壁观无量寿经变壁画，利用白描做斗栱样式形制分析研究

木结构考古研究中值得关注者还有钩沉影响木结构发展之历史因素，比如对宗教因素的研究。中国古代木结构遗存以宗教建筑居多，宗教教义与仪轨安排等必然影响到木结构营建等方面，故相关研究值得期待。然而由于晚期中国宗教发展的混杂性[⑤]，以及木结构与宗教关系的诸多不确定

① 傅熹年，《中国古代的建筑画》，原载《文物》1998年第3期。
② 梁思成，《我们所知道的唐代佛寺与宫殿》，原载《营造学社汇刊》三卷一期；辜其一，《四川唐代摩崖中反映的建筑形式》，原载《文物》1961年11期；张家泰，《隋代建筑若干问题初探》，原载《建筑历史与理论》1，江苏人民出版社，1981。
③ 萧默，《敦煌建筑研究》，文物出版社，1989年；孙毅华，《从敦煌壁画看斗栱的发展演变》，原载《第四届中国建筑史学国际研讨会论文集》。
④ 王其亨，《歇山沿革试析》，原载《古建园林技术》1991年第1期。
⑤ 相对而言，日本的宗教（神道与佛教）基本上没有受到大规模的宗教镇压，因此宗教组织及其流派都得到长久的维持与传承。光井涉，《日本建筑史研究中的“宗教”建筑史研究》，包慕萍译，2007年。

与不可考因素[①]，同时对宗教文献等研究的借鉴尚未成风，对影响木结构营建的宗教意匠与宗派差异等因素，尤其是宋代之前的情况，仍处于探索阶段，杨鸿勋的《唐长安青龙寺真言密教殿堂（遗址4）复原研究》[②]可谓尝试之力作，更丰富、更得力的成果则尚待时日。

（3）从东方建筑视野到东西文化的跨越

回归文化历史语境，以历史的文化圈补充当今行政概念的局限，是东方建筑视野的主要意义,1950年代，刘敦桢先生提倡并力行印度建筑研究，此为早先相关思考的成熟定型[③]。到了80年代，郭湖生继续东方建筑研究，在《我们为什么要研究东方建筑》一文中指出，汉族的文化特征和建筑的地方性用单一祖源是说明不了的，线型发展的思想、只知其一不知其二的眼界，不足以完整地认识世界，也不足以正确认识中国建筑的自身，在研究中，要将中国以外和中国毗邻或接壤的地区，纳入到东方建筑研究的范畴[④]。郭湖生以文化传播线索，指导开展了东亚、中亚与东南亚等区域相关研究，其中的“东南亚与中国西南少数民族的文化探析”，与“中日古代建筑大木技术的源流与变迁”等阶段成果，是木结构研究走出行政疆域，回归历史文化圈的重要总结[⑤]。

随着中、日、韩三国文化交流的深入，东方建筑研究的前景亦为多方看好。东方木结构的研究中，首先可以借助诸国遗存，以历史语境为平台，填充中国木结构资料的缺环[⑥]，进而将相关研究放置于东方古代建筑

---

① 比如现有木结构实物主要集中在宋代以后，斯时禅宗已然渐渐独大，故木构实物中的宗派与仪轨等信息已然不甚明显，现主要通过考古挖掘资料与宗教文献探讨相关问题。

② 杨鸿勋，《建筑考古学论文集》，文物出版社，1987年。

③ 刘敦桢先生翻译补注滨田耕的《法隆寺与汉六朝建筑式样之关系》时，就表达了东方建筑史的概念。参见崔勇，《中国营造学社研究》，东南大学出版社，2003年。现有资料表明，刘先生是较早应用朝鲜建筑资料于研究中者，在《大壮室笔记》中谈到复廊时，引景福宫集玉斋架空廊疑为“流裔”。参见《刘敦桢文集》第1集，中国建筑工业出版社，1982年。

④ 陈薇，《九十年代中国建筑史研究谈》，原载《建筑师》69期。

⑤ 郭湖生，《我们为什么要研究东方建筑》，原载《建筑师》第47期。

⑥ 参见傅熹年，《日本飞鸟、奈良时期建筑中所反映出的中国南北朝、隋、唐建筑特点》，原载《傅熹年建筑史论文集》，文物出版社，1998年；张十庆，《睒电窗小考》，原载《室内》1997年2期。

的整体性和关联性范畴中考察，以整理东方木结构源流的历史规律，借助文化传播交流等线索，给诸国木结构的独特性予合乎历史的定位，并注意避免割裂与断章。简而言之，东方木结构研究，在于整体性与独特性的良好协调。在该领域，以样式分析与类型、谱系的建构，确立诸国间建筑文化的联系，并分析产生联系的历史文化因素，是现阶段较为多见的方法。

如果说现有行政疆域限制了历史语境的探寻，促成了木结构研究的东方建筑视野，那么西方古典体系设定的学科话语，是否适合东方传统建筑的研究，也成为近年反思的热点。当年梁刘二先生在建构独立的中国建筑体系时，实则东方学人面对西方强势文化的自立过程，期间对西方古典建筑体系颇多参考，也留下许多值得今日学人重新思考的课题，比如如何面对梁刘体系中有时代烙印的民族主义立场，而更为重要的是，如何面对西方来建构真正的东方建筑体系①。客观地看，东方与西方，皆有木构营建传统与研究体系，故东方木结构研究亦可从东西文化视角剖视之，其视角可概括为交流与比较两方面，交流视角立足于文化流播对木结构的影响，正如朱启钤先生曾言“东西文化交互往来，有息息相通之意”，比如由西域中亚而来的高起居家具传播后，对斯时的木结构必有所影响，然囿于材料，该方向鲜见突破。文化比较视角则主要是东方学者，参照西方研究，以期凸显自身体系之特色，比如针对木结构材料选择等命题的研究。早期的文化比较视角，多以引用及解答西方命题为主，后期渐有怀疑式的新思路②，比如针对西方体系中木结构的非古典定位，赵辰以等级差异及形制象征等东方文化特征应对之，而不再受制于西方式“古典建筑”的思路③，而对西方思维模式的反思无疑是确立东方木结构思维的重要一步。

4. 建构思维

建构作为较新的设计分析体系，其主要研究“建造形式如何产生稳定的、持久的表现力”，针对木结构，“（建构）就意味着从木材的材料问题，

① 见《民族主义与古典主义——梁思成建筑理论体系的矛盾性与悲剧性》。
② 赵辰,《“立面”的误会 建筑·理论·历史》，生活·读书·新知三联书店，2007年。
③ 艺术史学界有关东西文化中“纪念性”不同属性之讨论，值得参考。巫鸿，《“纪念碑性”的回顾》，原载《读书》2007年第11期。

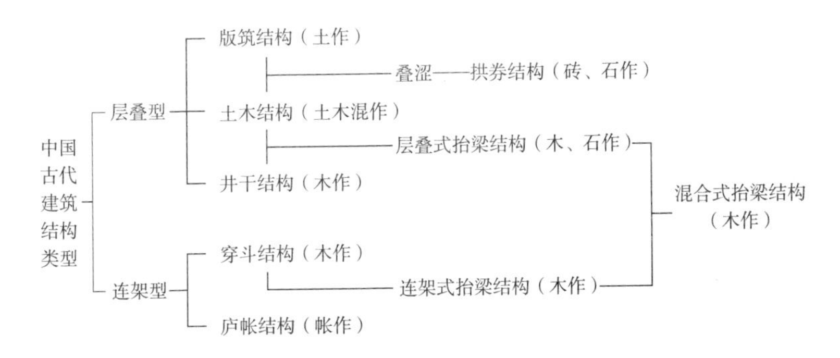


图3　中国古代建筑结构类型分析（张十庆）

以建构思维重新整理木结构类型

到材料之间的连接而产生的构造问题，再到连接成整体之后的结构体系问题。”[①]设计理论界将建构用于中国木构传统的诠释，渐为建筑历史学人所接受应用，其思路可概括为：从技术性的连接程序解读木结构[②]。赵辰有关木桥与鼓楼的研究，其研究虽针对的是共时性问题，相对忽略历时性方面，然其研究方法，即如何建筑与如何产生等建造原理的探索，实可为木结构研究的重要参照。比如几年前有关横架与纵架体系的讨论[③]，如从建构的角度梳理，会否有新的深入？张十庆在《从建构思维看古代建筑结构的类型与演化》一文中[④]，从建构角度梳理了中国木结构的层叠与连架两种最基本方式，文章以此展开，整理了古代结构类型与演变的框架，并对“梁刘体系”中的抬梁、穿斗等概念，进行更精细的层次区分（图3），展示了该方向丰富的可探讨性。

---

① 梁思成先生曾将建筑构成与语言文体相比拟，以词汇比拟构件样式，以文法表现比拟结构特征，因提到有关建构的相关要素，常被视为朴素建构思维之萌芽。

② 赵辰，《对中国木构传统的重新诠释》，原载于《世界建筑》2005年第8期。

③ 傅熹年，《陕西扶风召陈西周建筑遗址初探》，原载《文物》1981年第3期；刘临安，《中国古代建筑的纵向构架》，原载《文物》1997年第6期。

④ 张十庆，《从建构思维看古代建筑结构的类型与演化》，原载《建筑师》2007年第4期。

## 三、严谨研究架构体例的确立及分析的深化

### 1. 木结构的案例研究

实物案例的分析研究可谓木结构研究体系中最重要的单元构成，独乐寺观音阁、佛光寺大殿、大同古建遗存等案例，形如梁刘完成的中国古代建筑项链上的璀璨珍珠。类似的案例研究体例得到较好的保持与深入，典型者如陈明达的应县木塔研究、独乐寺观音阁研究，山西古建研究所的洪洞广胜寺等研究，较新的成果则有郭黛姮的保国寺大殿研究[①]，纵向来看，单体案例的研究在已有成熟基础上，呈现出高度综合化趋向，与学科发展相当契合。

可与木结构实物案例分析的继承发扬并论者，则有针对木结构某种形制或构件研究分析的细致深入，从命名的词源学考辨，到形式的嬗变轨迹，及消亡原因的探寻，深入挖掘相关的社会文化动力，此种辞典考据式的追寻，与历史中木结构常有的象征化过程相呼应，也是学科积累与深入的必然，同时为学科吸纳相关领域研究成果提供可能。其中徐伯安等有关《营造法式》的词解研究，王鲁民针对昂、栌等构件文化象征的研究，以及张十庆有关江南的挑斡、上昂的研究，都是值得注意的范例[②]。

### 2. 木结构的类型分析

对丰富的木结构进行类型区分，是文化属性与历史信息进一步探寻的起点。早期有刘致平的类型与结构研究，分门别类细致且考订用心，并注重社会经济、技术、宗教对建筑演变的影响，研究围绕建筑形式与结构的演变，可谓类型研究的基础工作[③]。陈明达将已知唐、五代、辽、宋、金重要木构的梁架结构分类为“海会殿形式”、“佛光寺形式”和“奉国寺形式”的表述，就已是较成型的类型研究，即在分类中注重历史逻辑关系的

---

① 陈明达，《蓟县独乐寺》，天津大学出版社，2007年；柴泽俊等，《洪洞广胜寺》，文物出版社，2006年；郭黛姮，《东来第一山》，文物出版社，2003年。

② 徐伯安，《〈营造法式〉斗栱型制解疑、探微》，原载《建筑史论文集》第七辑；王鲁民，《中国古代建筑文化探源》，同济大学出版社，1997年；张十庆，《南方上昂与挑斡做法探析》，原载《建筑史论文集》16辑。

③ 刘致平，《中国类型及结构》，尚林出版社，1986年。

整合，比如对《营造法式》殿阁造与厅堂造分法的继承[①]。从后来的研究，如冯继仁对梁架与斗栱实物遗存进行了详实的分类，以建立可资参照的实物年代类型标尺[②]，徐怡涛对扶壁栱的分析研究、张玉瑜的福建民居木构架体系研究等[③]，可以看出，研究的分类标准更细致化，类型表达也更精确化，相关的地域、流域等文化信息亦能融会其中。

类型学是一种较主观的形式逻辑式研究，尤其在研究者选定类型区分标尺时，加上研究素材绝对远低于历史存在，故研究结果所体现的演变趋势，可能只是若干相对时段所构成的逻辑过程，与具体历史过程的吻合度仍需历史文献等相关研究的验证[④]。然而，由于木结构体系整体大一统的特性，及木结构发展过程存在连续性，以类型分析方法梳理或推演相关源流等路线，仍具有积极的意义。

3. 木结构的样式与谱系研究

木结构样式是相应技术体系的表象与外显，中国历史文化的丰富性，赋予木结构极其丰富的样式。木结构样式可浅分为构架样式与细部样式两层次，构架样式反映较宏观的技术特征，而细部样式可反映技术系统的源流关系。木结构样式调查整理是研究基础资料的准备，而后于样式资料基础上梳理样式谱系，是样式研究的主要工作内容。由于独特样式所反映的地域性特征，具有相当的稳定性和持续性，其既是区别不同地域建筑的主要形象特征，同时也是追溯和探寻建筑传播源流关系的可靠依据[⑤]，故使历史中隐约的技术路线清晰化，是样式研究的重要目的，这主要通过样式谱系的整理得以实现。

张步骞在福建泰宁甘露庵调查报告中，以样式分析为基础，讨论了福建宋代木结构与日本镰仓“天竺样”间的关系，而后，傅熹年以更精确的样式

---

① 陈明达，《中国古代木结构建筑技术》。

② 冯继仁，《中国古代木构建筑的考古学断代》，原载《文物》1995年第10期。

③ 徐怡涛，《公元七至十四世纪中国扶壁栱形制流变研究》，原载《故宫博物院院刊》2005年第5期；张玉瑜，《福建民居挑檐特征与分区研究》，原载《古建园林技术》2004年第2期。

④ 俞伟超主编，《考古类型学的理论与实践》，文物出版社，1989年。

⑤ 张十庆，《东亚建筑的技术源流与样式体系》，原载《现代东亚与传统建筑国际会议论文集》，2002汉城会议。

例证，更全面的实物证据整理，继续将该研究推进，建构了有说服力的证据链。与此同时路秉杰的研究，以相近的样式分析方法，推导出“天竺样”与浙南的源流关系[①]。二位结论的偏差表明，对构架样式与细部样式的不同侧重，对研究结果影响颇多，如何处理样式的层次性是样式研究的关键点。

4．木结构的修缮与复原研究

木结构的落架解体是细致观察之良机，提供了细致入微地考察构件与搭接、获取精细测绘数据的可能，也是通过科学检测构件等方法，还原木结构营建及后世层累过程的不二途径。学界前辈亦多利用修缮等机会，整理相应的报告[②]，长期地充实木结构研究的重要基础。山西五台山南禅寺修缮，落架解体辨析了原有纯叉手承托脊槫构造，通过福州华林寺大殿的修缮了解南方“材”断面比例的地方特征，山西太原晋祠圣母殿落架促进断代研究，山西大同善化寺大雄殿脊槫增长构造的研究等，都是例证[③]。

木结构复原研究是高度综合的工作，是集中同时段相关信息的推导过程，对研究者的功力学养要求甚高。梁思成先生主持的杭州六和塔修缮设计[④]，可谓复原研究的肇端。其后值得注意者有：刘致平、傅熹年的唐代宫殿，杨鸿勋的秦代、隋唐时期宫殿（图4），钟晓青等人的北魏永宁寺塔，张铁宁的渤海上京宫

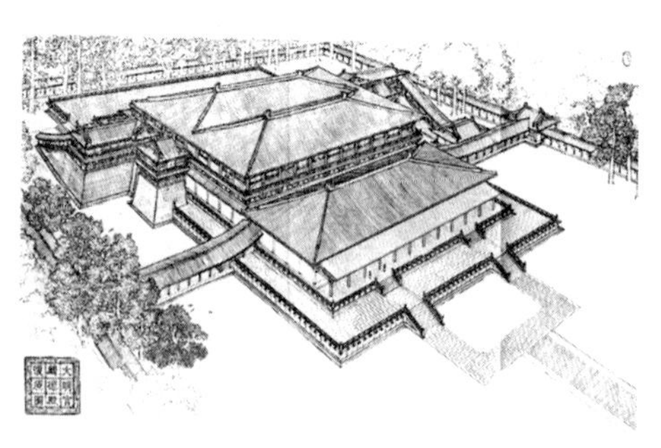

图4 唐大明宫麟德殿复原图（杨鸿勋）

---

① 张步骞，《甘露庵》，原载《建筑历史研究》，第二辑（建科院）；傅熹年，《福建的几座宋代建筑及其与日本镰仓“大佛样”建筑的关系》，原载《建筑学报》1981年第4期；张十庆，《从建构思维看古代建筑结构的类型与演化》。

② 文物出版社出版了《中国古代建筑》系列以及修缮报告可资参考。莫宗江，《涞源阁院寺文殊殿》，原载《建筑史论文集》第二辑。

③ 祁英涛等，《南禅寺大殿修复》，原载《文物》1980年11期；杨秉纶等，《福州华林寺大殿》，原载《建筑史论文集》第9集；彭海，《晋祠圣母殿勘测收获——圣母殿创建年代析》，原载《文物》1996年第1期；白志宇，《善化寺大雄宝殿脊槫增长构造与〈营造法式〉制度之比较》，原载《古建园林技术》2005年第2期。

④ 梁思成，《杭州六和塔复原状计划》，原载《中国营造学社汇刊》第5卷3期。

殿，张十庆的宋代角直保圣寺等依据相关遗址的复原研究[①]；其外主要依据相关文献的研究有王世仁等人的唐代武则天明堂、张十庆的宋代径山法堂复原等[②]。

木结构的修缮研究，尤其是解体观察的情况下，亦提供了如榫卯节点的研究等更细节的层次；其外木结构的施工研究也与修缮和复原研究较为接近，其中主要有马炳坚在清官式大木作方面的成果[③]。

5. 比例与模数分析

针对建筑实物，进行投影图的几何比例分析，一度是东方传统建筑研究的重要方法，而"梁刘体系"针对比例问题的讨论，建立在《木经》与《营造法式》文献基础上，而在如中国建筑史等著作中，没有采用几何制图分析方法，对该显学的冷静与适度应用，其原因颇耐人寻味。针对木结构进行的几何关系分析，主要是在梁刘二先生以后渐为学者所常用，龙庆忠、陈明达、傅熹年各自的著作中皆有体现，其中陈明达的《应县木塔》中，应用斜线、圆、方形等，力图寻找其内在的规律，是早期几何比例分析的代表[④]，后续则有王贵祥，以实测数据为基准，认为存在1.414的比例关系[⑤]。其后陈氏调整了原有图形分析，在《蓟县独乐寺观音阁》研究中，取消了圆弧线（图5），渐向中国传统的方格体系倾斜[⑥]。

木结构的模数分析，是木结构历史研究的精华区域，对探讨木结构的

① 郭湖生，《麟德殿遗址的意义和初步分析》，原载《考古》1961年第11期；刘致平、傅熹年，《麟德殿复原的初步研究》，原载《考古》1963年第7期；傅熹年，《唐长安大明宫含元殿原状的探讨》，原载《文物》1973年第7期；杨鸿勋，《唐大明宫麟德殿复原研究阶段报告》，1986年，收入《建筑考古学论文集》，文物出版社，1997年；张铁宁，《渤海上京龙泉府宫殿建筑复原》，原载《文物》1994年第6期；钟晓青，《北魏洛阳永宁寺塔复原探讨》，原载《文物》1998年第5期；张十庆，《甪直保圣寺大殿复原探讨》，原载《文物》2005年第11期。

② 王世仁，《王世仁建筑历史理论文集》，中国建筑工业出版社，2001年；王贵祥，《唐武则天明堂复原》，原载《建筑史》第22辑；张十庆，《南宋径山寺法堂复原探讨》，原载《文物》2007年第3期。

③ 马炳坚，《中国古建筑木作营造技术》，科学出版社，1991年。

④ 陈明达，《应县木塔》，文物出版社，1966年。

⑤ 王贵祥，《$\sqrt{2}$与唐宋建筑柱檐关系》，原载《建筑历史与理论》3—4辑。

⑥ 据王其亨先生介绍，陈明达先生接受"样式雷"图样等的影响，改变了分析的方法。见陈明达，《蓟县独乐寺》，天津大学出版社，2007年。

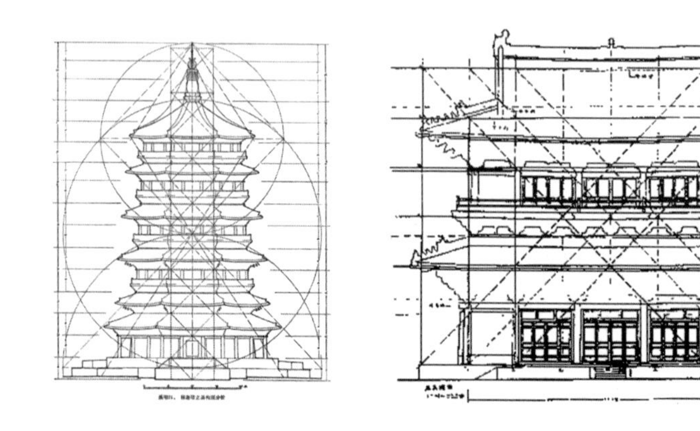

图5 应县木塔立面分析图与观音阁分析图（陈明达）

上图中的圆弧线取消，几何分析渐受东方思维影响

设计体系尤为重要，与《营造法式》等文献研究相关内容互相推动交相辉映。梁刘二公很早就关注了模数的问题，梁先生完成了对“材分制”的注释。陈明达对应县木塔潜心研究，发覆前人未见，揭示了木塔存在的设计模数，确立模数研究的科学地位。而后，傅熹年应用大量木结构的测绘图，分析了可能存在层次不同的模数，比如木塔中以某层开间作为“扩大模数”者，将模数研究深化①。张十庆借助日本遗构，对“材分制”与“斗口制”，及两者的演化过程进行探寻②，张氏在研究中还思考了比例关系与模数关系之间可能存在的含混，体现对模数体系发展历史逻辑的关注。在模数研究领域中，营造尺的复原是至为重要的要素，傅熹年与张十庆等学者皆能娴熟应用于研究中，另外肖旻的研究，力图通过营造尺复原探寻通行的模数设计体系③，值得注意，同时，营造尺复原如何避免成为脱离历史语境的数字游戏，将是该领域始终的戒慎。

---

① 傅熹年，《中国古代城市规划、建筑群布局及建筑设计方法研究》，中国建筑工业出版社，2001年。

② 张十庆，《中日古代建筑大木技术的源流与变迁》，天津大学出版社，2005年；张十庆，《古代建筑的设计技术及其比较——兼论从〈营造法式〉至〈工程做法则例〉建筑设计技术的演变和发展》，原载《华中建筑》1999年4期。

③ 肖旻，《唐宋古建筑尺度规律研究》，东南大学出版社，2006年。

木结构设计体系的探寻很大程度上取决于模数比例的分析，如何使研究逐渐摆脱西方数理体系与柱式传统的过度影响，逐渐从东方的工官制度、匠作体系等文化根源中寻找突破，是值得期待的出路。

6. 新研究手段

日前随着科技进步，木结构研究手段中亦多有新补充，比如3D扫描应用、木料的科技分析手段[①]，以及科技考古中碳14、热释光等对木结构构件年代测试方法，都是木结构研究基础资料的采集与整理不小的发展，尤其在精确度的提高上。此外，在木结构受力分析数字化模型、抗震性能实验分析等领域，研究手段的发展都将相应推动相关研究，为中国建筑史木结构研究作更全面与扎实的资料准备。

合格优秀的建筑历史研究是一项全面的工作，其思路应是清晰与准确的，其研究分析方法的应用也非简单与机械的，而应是统一之整体，比如文献梳理与实物研究的互证，各种恰当准确的研究方法之融会贯通。故通过本文了解中国建筑史之木结构研究历程时，勿因文中所强调的侧重点而忽略各项成果中具体研究体系的复杂与精细，是为结语[②]。

---

① 陈秀忠等,《太和殿三维激光扫描精密控制网建立研究》，原载《测绘通报》2006年第10期；张荣等,《佛光寺东大殿实测数据解读》，原载《故宫博物院院刊》2007年第2期；课题组,《故宫武英殿建筑木构件树种及其配置研究》原载《故宫博物院院刊》2007年第4期。

② 学习梁刘二公的研究成果，对中国建筑历史研究体系的贡献，实乃“仰之弥高”矣，有时甚至得承认，今日一些所谓领先的成果，只是在二位高瞻远瞩后之续貂，一些所谓意义重大的新思维，只是二位先生学养之基本。虽说巨人肩膀乃更上层楼的踏面，可若无法登临，却只能是望远的阻碍。放眼域内历史与考古诸学界，抑或域外日本建筑历史界近年的境况，真正能胸怀“学术天下公器”的中国建筑历史学人，是否可以有乐观而坚定的自判？

# 致谢

本书大部分的研究，始于七年前的一次选择。

二零一零年三月，第一次因为入站面试踏进清华园，无意间竟走到静安先生纪念碑前，看着陈先生那些不算陌生的文字，镂刻在梁先生设计式样的青石之上，不由地感动，我记得，当碑文中的“独立”与“自由”映入眼帘时，视线是有点模糊的，好在，在场只有地上一束微萎的菊花，没人看出我短暂的软弱和期待居停此园的愿望……

感谢清华合作导师王教授贵祥先生，感谢您大力襄助，提供了两年的研究资助及工作机会，使我得偿所愿，忝列梁先生所开创的建筑历史研究团队，时间虽短，却有幸躬逢梁先生诞辰110周年，怎不令人感慨！感谢王老师在学术上的纵容与开放，蒙您允许在大课题研究中寻找到自己兴趣所在，使两年的工作繁重而不枯燥；而王老师的学术积淀，无疑是研究过程中解惑及请教的重要保障。相关研究的亮点，多数就是在王老师的亲自指导与鼓励下得于落定，而那两年，也便很自然地将得到王老师评阅后的肯定，视为每篇文章写作的真正完工。

感谢清华大学建筑学院贾珺老师、刘畅老师、贺从容老师、李路珂老师，以及廖慧农老师、黄大鹏老师，您们在两年时光中，从学术的钻研不怠、工作的认真负责，以及为人的严谨等诸多方面，都给了我教益与启发。

感谢入职苏州以来，在学业危于涣散之际，始终对我鼓励有加的夏健老师，夏老师不但直接帮助了本书的出版，同时，期待能学有所用而荐我挂职古城保护管理部门。挂职期间，郁明华博士领衔的镇长团，以及黄依群领导的古保委同事们，很好地帮助我学习了解行政体系的运作，使我丰富了阅历，拓展了眼界，这对于我回望并理解历史上的国家营建活动，助益不言而喻。而同办公室的孙霞女士，眉目心质宛有茉莉清秀，工作中总以快语指点要处加以协助，还拨冗校对了部分文稿。

最要感谢我的妻子，从零九年开始，颠沛旧新两都，操劳寒暑，陪伴我深夜孤灯；而后到苏州古城，勤俭持家，承担了养育爱女的多数事务。与妻子的隐忍宽容相比，时常在骄傲与惫懒中纠结的自己，实在有愧爱妻厚待！

文稿完成之际，想起来了池田大作对天台，也就是本研究中多处论及的高僧智顗的一段评价：天台，是一位真正的人，因为他只为自己的使命而活着！

而我，很希望这负雪填井的学术光阴，能是找寻自我使命的坚实一步！

丁酉年秋　苏州